IFRS

林淑玲 著

會計學 上

ACCOUNTING

三民書局

國家圖書館出版品預行編目資料

會計學 / 林淑玲著.－－初版一刷.－－臺北市: 三
民，2016
　　冊；　　公分

　ISBN 978-957-14-6142-7　（上冊:平裝）
　1.會計學

495.1　　　　　　　　　　　　　　　105005513

© 　會計學　（上）

著 作 人	林淑玲
責任編輯	蔡佳怡
美術設計	林易儒
發 行 人	劉振強
著作財產權人	三民書局股份有限公司
發 行 所	三民書局股份有限公司
	地址　臺北市復興北路386號
	電話　(02)25006600
	郵撥帳號　0009998-5
門 市 部	(復北店) 臺北市復興北路386號
	(重南店) 臺北市重慶南路一段61號
出版日期	初版一刷　2016年5月
編　　號	S 493780

行政院新聞局登記證局版臺業字第〇二〇〇號

有著作權‧不准侵害

ISBN　978-957-14-6142-7　（上冊：平裝）

http://www.sanmin.com.tw　三民網路書店

自 序
Preface

　　當各位正在準備開始磨刀霍霍進入「會計學」的學習國度之際，可能早已有許多親朋好友提供許多耳提面命的勸誡，例如：「會計學是一門很難搞懂的科目喔！」或是學長姐曾向你威脅恐嚇地說：「會計學是門快快忘記的科目。」或「會計學老師都是大開當鋪者（比喻低於 60 分的機率甚高）。」

　　平心而論，會計學這門學科一點也不恐怖，過來人的寶貴經驗當然值得記取；但是初學者應該學習的是前輩們失敗的經驗與教訓，從中領悟如何不再重蹈他們錯誤的覆轍，以收事半功倍的效果。

　　一言以蔽之，將「會計」學好的方法或捷徑無它，也沒有什麼寶典可言。套一句房屋仲介銷售高手常常掛在嘴邊的口頭禪：「買房子時應注意的三件法寶，就是：地段！地段！地段！」同樣地，初學者若欲學好會計學的不二法門則是：「練習 (exercise)、練習、練習。」這是作者過去學習會計學的心聲、感想與肺腑之言，也是會計學門許多前輩們的共同心得，提供各位初學者們參考，並共勉之。

　　本書撰寫過程歷經個人雙親驟然離世的劇烈悲痛而停頓、轉換專職學校、升等為正教授、擔任行政職務等。個人驟感光陰似箭、人生苦短，實有必要把握在覲見星星之前，盡快完成多年前的承諾。因此，本書若有疏漏之處，懇請各位先進不吝賜教，萬分感激！

林淑玲

2016 年 4 月

目 次 *Contents*

第一章

認識會計與企業組織型態

前　言

　　你需要學習「會計」嗎? 在你的日常生活當中, 你曾運用過「會計」嗎?

　　這些答案當然是肯定的。在你我的生活周遭, 我們時時刻刻都在運用會計資訊呢! 舉例來說, 當你現在正準備去買一台剛上市的高級智慧型手機時, 你可能需要運用會計資訊來決定到底要不要用現金購買, 還是以刷卡分期付款的方式買下。同樣地, 當你決定要上大學時, 你一定也曾盤算過未來幾年所需花費的學雜費、書籍費、租屋費、生活費、休閒娛樂費等等。將來當你步出校門之後, 開始扮演起社會新鮮人時, 你也必定會去度量獲得一份錢多、事少、離家近的工作之好處。總之, 舉凡賺取生活費、消費、賒帳、投資、繳稅等種種日常生活的事項均需運用財務會計資訊, 才能有效地達到預期之目的。可見得, 制訂良好的決策端賴良好的資訊品質。

　　然而, 學習「會計」不只是為了將來能從事會計相關的工作, 或者考上會計師執照而已。「會計」可以滿足我們個人的生活所需, 對於每個人的生涯發展更是不可或缺的重要一環。例如: 當你想要在住家附近自行創業開一家個性咖啡屋或早餐店時, 有關咖啡屋或早餐店的收支等會計資訊便是你決定是否自行創業的關鍵因素, 也是銀行決定是否將貸款給你的考量依據。因此, 會計是一項資訊系統 (Information System), 用以提供有用的財務資訊。

學習架構

■ 認識會計的定義以及制訂會計準則之權威機構。

■ 介紹企業的特性、類型及組織型態。

■ 探討企業主要的活動型態。

1-1　會計的定義與制訂會計準則權威機構

一、認識會計

　　會計 (Accounting) 可以說是企業的語言 (Language of Business)，因為透過這一套會計資訊系統 (Accounting Information System)，可以將企業的經濟活動與經營狀況予以有效地傳遞給與企業相關的利害關係人 (Stakeholders)[1]。換言之，會計可說是揭露了企業內部的財務資訊 (Financial Information)。例如：Starbucks 咖啡的管理者可以透過財務報表瞭解該公司的獲利狀況後，進一步決定是否繼續銷售咖啡或推出其他的創新產品。同樣地，財務分析師運用財務報表以說服投資人購買台塑企業的股票或公司債。銀行則藉由財務報表以決定是否貸款給宏達電或其他公司。供應商運用財務報表以決定是否提供企業某一信用額度，以賒購原物料或商品。政府部門透過企業發布的財務報表以作為課稅的基礎。總之，會計是一項財務資訊系統，而為了瞭解組織內部所蘊含的訊息，你必須具備閱讀會計資訊以及解讀數字的能力。

　　綜言之，會計是一套「資訊系統」及「衡量的系統」，會計程序包含三項基本的活動：亦即將企業所發生的經濟性交易事項加以**確認 (Identifies)**、**記錄 (Records)** 及**溝通 (Communicates)**，以便提供對企業感興趣的相關利害關係人制訂決策之參考依據（圖 1–1）。

　　會計程序的起點，是從確認與企業攸關的經濟事件 (Economic Events) 為開端。例如：台糖銷售無毒豬肉、中華電信提供電信服務、裕隆汽車生產並銷售新一代的油電混合節能車、王品牛排推出聖誕節套餐等。

　　企業一旦確認上述交易事項為經濟事件，接下來便需針對這些交易事項進行記錄的程序，以便於日後能對企業的財務活動提出歷史性的紀錄。這些記錄的程序也包含對於經濟事件以貨幣單位維持每日的流水式與系統性之簿

---

1. 所謂企業的利害關係人 (Stakeholders)，是指對於企業的經濟績效與福祉感到興趣的個人或團體。通常包括：企業的所有者（業主或股東）、供應商、企業內部的管理階層、員工、顧客、債權人、政府機構等。

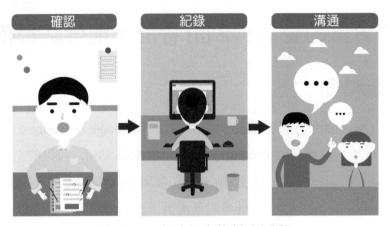

| 確認 | 紀錄 | 溝通 |

圖 1–1　會計程序的基本活動

記 (Bookkeeping) 工作。此外,更進一步針對經濟事件加以分類 (Classifies) 及彙整 (Summarizes)。

　　最後,溝通程序乃是透過會計報告 (Accounting Reports) 將經彙整後的資訊提供給予對於企業感興趣的內、外部相關人士,這些會計報告稱為「財務報表」(Financial Statements)。為了使企業所報導的財務資訊具有意義,財務報告均按照一般公認法則編製,將相同的交易事項加以累計,以加總的數字彙整表達。例如:統一企業累計某特定期間內所有銷貨的交易金額,並在財務報表中以一個加總的數字報導其銷貨收入的總額,此種報導方式稱為「彙整」(in the Aggregate)。透過同性質資料的彙整報導之揭露方式,簡化了會計程序的交易量,並促使交易活動得以更容易被理解。

　　因此,溝通經濟性交易事件之要件是會計人員對於已報導資訊的分析 (Analyze) 與解釋 (Interpret) 的能力。其中「分析」包括:運用財務比率、百分比、圖表以強調並突顯重要的財務趨勢與財務關連。此外,「解釋」則包含所報導資料的用途、意義與限制。

　　由此可見,「會計」程序主要的核心在於藉由財務資訊的揭露將企業每日所發生的經濟性交易事項予以瞭解、處理並溝通。換言之,「會計資訊系統」主要將企業在日常生活當中所發生的經濟性交易事項[2] (Economic Events),加以確認 (**Identifying**)、衡量 (**Measuring**)、記錄 (**Recording**)、分類

---

2. 可以用當地的貨幣加以衡量之量化資料。

(Classifying)、彙總 (Summarized)，以產生攸關 (Relevant)、可靠 (Reliable) 及可比較 (Comparable) 的財務資訊，並加以有系統地分析 (Analyzing)、報導 (Reporting) 與解釋 (Interpreting)，以提供企業內、外部相關人士制訂更佳的決策之參考依據 (to Help Users Make Better Decisions)。例如：⑴獲取更佳的貸款條件。⑵開創事業。⑶制訂較佳之投資決策。

　　總而言之，「會計」牽涉到經濟性交易事項的一系列之確認、記錄與溝通活動。

　　為提供企業內、外部相關人士以上可運用的會計資訊，以供決策參考之需，企業必須正式對外發布之財務報表，稱為「一般目的之財務報表」(General–Purpose Financial Statement)，包括：

1.綜合損益表 (Statement of Profit and Loss and Other Comprehensive Income)

　　又稱損益表 (Income Statement)，報導企業在某一段會計期間內，收入、費用及獲利的狀況。

2.財務狀況表 (Statement of Financial Position)

　　又稱資產負債表 (Balance Sheet)，報導企業在某一特定時點（通常為會計期間終了日），資產、負債、業主權益（或股東權益）的狀況。

3.現金流量表 (Statement of Cash Flows)

　　報導企業在某一段會計期間內，現金流入與流出之變動狀況。

4.業主權益變動表 (Statement of Changes in Owner's Equity)

　　報導企業在某一段會計期間內，業主權益（或股東權益）的變動狀況。

　　針對獨資或合夥企業，稱為「業主權益」。若為公司組織型態，則稱為「股東權益」。

　　有關上述財務報表的形式以及詳細的財務報表編製方式，將於後續章節陸續深入介紹。

二、制訂會計準則之權威機構

　　由一群人或團體共同決議訂定，針對企業的營運績效及財務狀況的報導

加以規範，以提昇財務資訊的有用性、可靠性及比較性。這一套規定 (Rules)，統稱為「一般公認會計原則」(Generally Accepted Accounting Principles, GAAP)。例如：

1. 證券管理委員會 (Securities and Exchange Commission, SEC)。
2. 財務會計準則委員會 (Financial Accounting Standard Board, FASB)。
3. 國際證券商組織協會 (International Organization of Securities Commission, IOSCO)：負責約 90% 的全球金融市場交易機制之規範與管制。

1–2 企業的特性、類型及組織型態

一、企業的特性

提到「企業」，你的腦海中可能馬上聯想到台積電、聯電、台塑、富邦金控、長榮航空、台電、Coca-Cola、Starbucks、Toyota、e-bay 網站、Microsoft、IBM、東森購物等，這些企業涵蓋了國內外的電子業、石化業、金融業、航空業、國營事業、汽車業、食品業、網路事業等，它們都叫做「企業」。

所謂「企業」，就是一個組織體，它能夠將它所取得的各式各樣原物料、資本與勞力等投入的生產要素，予以有系統、效率地加以組合並處理之後，以有形商品或無形勞務的最終形態提供顧客使用。

此外，企業可以按照任何的規模大小設立，小至花店、咖啡店，大到如麥當勞、3M 等商品行銷到全世界的跨國企業，都是屬於企業的範疇。而企業的顧客（個人或其他的企業）則以金錢或其他等值的物品來交換其所需的商品。

因此，會計上所涉及的企業是營利[3] 企業，以「追求最大的利潤」為終極目標的企業，也就是說這些企業是以「賺錢」為經營的目標。其中所謂「利潤」(Profit) 即等於企業出售商品或勞務時所賺取的金額，超過其支付給生產要素的成本與費用後之剩餘。

---

3. 營利：代表企業的所得 (Income)、淨利 (Net Income)、利潤 (Profit)、盈餘 (Earnings)，亦即總收入大於總費用之結餘。

相反地，教堂或學校則不屬於會計上所討論的企業範圍，因為它們提供服務時並不以追求最大利潤為目的。換言之，這些非營利企業 (Not-For-Profit Businesses) 在提供社會一些效益時並不以追求利潤為目標。例如：教會、醫學研究中心、慈濟等慈善團體。

二、企業的類型

會計上所指的「以營利為目的之企業」大致可分為三類：服務業 (Service Business)、買賣業 (Merchandising)、製造業 (Manufacturing)，其中每一種類型的營利事業均有其獨特的特性。茲分述如下：

1.服務業

主要以提供顧客所需的無形勞務為其賺取利潤的服務項目。在國內外較為知名的服務業包括：

⑴Walt Disney：提供卡通等娛樂項目。

⑵Merrill Lynch：提供國際投資人有關金融投資理財的諮詢與顧問的事項。

⑶福華飯店：提供顧客住宿、休憩、健身休閒等服務設施。

⑷理律律師事務所：提供法律諮詢等相關的服務。

⑸中華航空公司：提供交通運輸等服務。

2.買賣業

主要以銷售有形的商品予顧客，作為其賺取利潤的方法。但這些商品存貨並非買賣業者自行生產製造出來的，而是由上游廠商或製造商處大量買入，或因買賣業者自行擁有專屬的通路，因此能夠擁有較一般消費者更為低廉的取得價格。購入之後，買賣業者再將商品重新予以包裝、廣告或促銷後，以更高的價格賣給消費者，以便從中賺取價差。

因此，買賣業者本身可能扮演零售商 (Retailer) 或批發商 (Wholesaler) 的角色，這些類型都稱為買賣業。國內外較為知名的買賣業者包括：

⑴Wal-Mart、大潤發或 Costco：專門銷售一般日常用品等的大型量販店。

⑵e-bay：提供網路書店、音樂、日用品（花瓶）的銷售。

⑶Toys"R"Us（玩具反斗城）：大量販售玩具或兒童用品。

⑷Amazon.Com：知名的網路書店。

3.製造業

　　企業自行取得原物料、人工等生產要素投入生產後，以專業的生產技術或獨特的製造偏方，生產出有形產品後再銷售給批發商或零售商，以賺取利潤。國內外較為知名的製造業包括：

⑴ Ford：專門生產汽車、卡車等交通運輸工具。

⑵ Sony：主要生產電視、音響、錄放影機等家電用品。

⑶ Nike：生產運動鞋等運動休閒用品或器材。

⑷ Coca-Cola：專門生產飲料。

⑸台積電：生產電腦等週邊設備。

⑹台塑企業：生產塑膠等化工產品。

三、企業的組織型態

　　上述三種不同類型的企業，又可由一個企業的經營型態分為下列三種不同的組織型態：獨資、合夥、公司。茲分別說明如下：

1.獨資 (Sole Proprietorship)

　　由一人負責出資並經營（獨資業主 Owner）的企業經營型態。因此，獨資的型態是所有權與經營權均落在出資者身上。

2.合夥 (Partnership)

　　由二位以上合夥人（Partners 或 Owners），共同出資並經營（負連帶無限清償責任）的企業經營型態。因此，合夥的型態是由所有的合夥人共同分擔合夥事業的所有權與經營權，其分擔的方式則視合夥契約的約定而定（按出資額的比率分配；若無特別規範，則由各合夥人平均分擔）。

3.公司 (Corporation)

　　出資人以購買股份 (Shares) 方式擁有企業的所有權，稱為股東 (Shareholders, Stockholders)，再由股東大會遴選董事會 (Board of Director) 的董事成員，負責經營管理公司。因此，公司的組織是所有權與經營權分離的型態，此有別於獨資與合夥。

⑴公司（法人）的特性

　　公司的壽命是無限的，只要經營得好，不破產、不倒閉，可一代傳一代

的永續經營，不會因為某位股東退出或股票轉移買賣而影響公司的存亡。其中股票於公開發行市場發行的公司，可分為上櫃及上市公司。

◆上櫃 (Over the Counter, O.T.C)

　　股票主要是透過無形的市場 (如電話、電報或網路下單) 的方式來交易。例如：美國的 NASDAQ。

◆上市

　　股票主要是透過有形的集中市場 (如證券交易所下單) 的方式來交易。例如：臺灣證券交易所、美國的 New York Securities Exchange (NYSE)、東京證券交易所等。

　　公司的股票要在有形的集中市場公開發行並進行買賣，必須同時符合以下要件：⑴公司過去三年的經營績效良好，每年獲利率達某一百分比以上。⑵資本額達一定以上。⑶公司的財務報表業經會計師查核簽證。

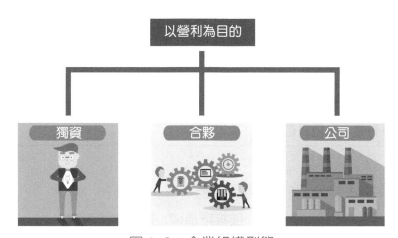

圖 1-2　企業組織型態

　　茲針對上述三種不同組織型態的企業，加以進一步分析與比較，如表 1-1 所述。

表 1–1　企業組織型態之比較

	獨　資	合　夥	公　司
是否需要特定的法律成立要件（是: ✓；否: ×）	×	×（合夥契約: 口頭或書面）	✓（公司化）
會計上是否為獨立的企業個體（是: ✓；否: ×）	✓	✓	✓
法律上是否為獨立的法律個體（所有權與經營權是否分離）	×	×	✓（法人）
業主是否負連帶無限清償責任（負債是否為無限）	✓	✓【例外[4]】	×（出資額為限）
壽命是否無限	×	×	✓
稅務上,企業與業主是否分離課稅（是否有重複課稅的情況）	×（併入業主個人綜合所得稅一併申報）	×（併入合夥人個人綜合所得稅一併申報）	✓（有重複課稅情況）
業主（所有者）可否只有一人	✓	×	✓

⑵我國公司法將公司的型態區分為

◆有限公司: 由「有限責任」股東所構成，以出資額為限。

◆無限公司: 一人以上「無限責任」股東，負連帶無限清償責任。

◆兩合公司: 一人以上「無限責任」股東；以及一人以上「有限責任」股東。

---

4. ⑴有限合夥 (Limited Partnership): 由一位「無限負債合夥人」及一位「有限負債合夥人（以其出資額為限）」所共同組成。

⑵有限負債合夥 (Limited Liability Partnership): 限制合夥人的負債僅止於其「行為範圍內」及「所有合夥人可控制的行為範圍內」，所應負的義務，以保護善意的合夥人免遭受其他不法合夥人之危害。

◆股份有限公司：七人以上有限責任股東，以出資額為限。

⑶公司的組織架構

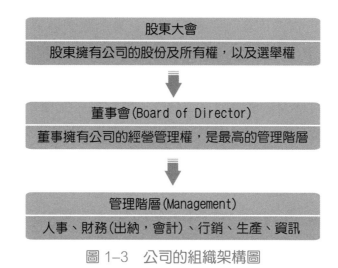

圖 1-3　公司的組織架構圖

1-3 企業主要的活動型態

　　企業日常的活動包含：融資 (Financing)、投資 (Investing)、營運 (Operating)，以上每一活動均需事先的「規劃」(Planning)。

　　企業無論是隸屬於製造業、服務業、或買賣業的型態，舉凡台積電、台塑等不同的企業組織，幾乎所有企業每日均汲汲於從事融資、投資與營運的活動。因為任何一家企業首先必須透過融資活動取得投資與營運活動所需的資金，以支應企業籌設所需的成本，或用以支付會計師或律師的公費，或支付其他的開辦費等營運費用。再者，企業必須將融資所獲得的資金投資在廠房、設備等資產或有利可圖的投資計畫上，以促使企業開始正常營運並賺取利潤。最後，企業必須有效地運用所購入的資產或資源，以完成營運的策略與計畫，達到賺取最大利潤的目標。

　　為了達到以上的目的，會計所扮演的重要角色便是運用財務報表以提供企業的利害關係人有關企業日常的融資、投資與營運之相關資訊。茲針對企業的融資、投資與營運三項活動的內容分述如下：

一、融資活動 (Financing Activities)

　　企業的融資活動主要涉及如何獲取投資與營運活動所需的資金，以促使企業得以開始正常地經營。一般而言，企業主要透過資本市場 (Capital Markets) 以尋求資金的來源。換言之，企業是透過舉債或發行股票的管道（或兩者同時進行）以籌措投資與營運活動所需的資金。

　　當一個企業透過舉債的方式取得資金時，該企業便產生了一項負債 (Liability)。所謂「負債」是一項法定的支付義務，即債務人承諾將按借貸契約之約定，於未來某一特定時日支付予債權人 (Creditors) 某一特定金額的承諾。例如：當你使用信用卡刷卡購物時，便產生了一筆將來必須償付予發卡銀行的支付義務。同理，當一個企業向供應商或賣方賒購商品時，該企業便產生了一項「應付帳款」(Accounts Payable)。在此情況下，該企業在賒購的條件下便承諾將於未來某一時日，按供應商或賣方所提出的賒購條件償付帳款。大多數的供應商或賣方會要求欠款人必須在相當短的時限內付清欠款，例如：30 天以內。因此，在會計年度終了時（如每一年的 12 月 31 日），若企業仍有尚未清償的帳款，則該項應該給付而尚未支付的應付款項便構成「應付帳款」的負債性質。會計上，一般因正常營業活動（例如：因買賣商品或提供勞務）而產生的支付義務，才認列「應付帳款」。（有關應付帳款等負債類的事項將於後續章節詳細介紹）

　　企業有時候可透過發行債券 (Bonds) 的方式取得資金。債券是一項長期的融資工具，通常在發行日後的若干年後到期還本。換言之，債券是由公司本身的名義發行並銷售予一般投資大眾，並在票面上事先約定好將於未來某特定的日期按照票面利率計算並支付利息予以投資者（利息通常是每半年支付一次，利息費用＝票面金額×票面利率×投資期間），並且在到期日償還本金（票面金額）的書面憑證，稱為「應付公司債」(Bonds Payable)，其中應付而未付的利息則稱為「應付利息」(Interest Payable)。（有關長期負債的詳細會計處理方法將於後續章節中介紹）

　　某些大型企業也喜歡透過發行商業本票 (Commercial Paper) 或可轉換的信用額度 (Negotiating Lines of Credit) 作為融資的工具。當企業透過發行商業

本票或信用額度取得資金時，該企業便產生了一項「應付票據」(Note Payable)，應付票據的到期日可為短期或長期的型態。其中商業本票是根據發行公司本身的信用狀況所發行的債務支付義務 (Debt Obligations)，主要的銷售對象是銀行或保險公司。同樣地，信用額度也是根據公司本身的信用條件給予一定限額的貸款額度，再由公司在此信用額度內向金融機構融資借款。

另一方面，企業也可以透過股票的方式取得資金，購買股票的投資人稱為「股東」。對公司而言，股票標示了股份的所有權。一家公司若僅發行一種的股票時，則該種股票通常是指「普通股」(Common Stock)，會計上通常將公司所發行的各種股票統稱為「股本」(Capital Stock)。

債權人與股東對公司資產的請求權 (Claims) 並不相同。當一家公司面臨清算或破產的命運時，債權人對於公司資產的請求權順位為第一順位，在債權人的請求權獲致給付之後，剩餘的部分才歸股東分享。此外，債權人可定期地收到其要求的請求權（例如：公司必須按期給付利息給債權人，到期必須償還本金），然而股東並無任何定期的給付，股東是否有股利利得 (Dividends) 的分配，必須視公司是否有盈餘而定，而且須俟董事會宣告發放，股東始有股利或紅利可得有關公司組織的會計處理將於後續章節介紹。

二、投資活動 (Investing Activities)

企業透過上述融資活動籌措到足夠的資金後，便可以運用投資活動以獲取營運所需之各項資源。這些營運活動所需的各項資源將視產業不同的特性，而需購置不同種類的資源。

例如：台塑企業準備到中國大陸漳州設廠，那麼台塑企業便需先在漳州地區購買一塊興建廠房的土地，然後建造一座廠房或辦公室，接著還需購買一些生產產品的機器設備，或辦公所需的辦公設備、事務機器、電腦設備、卡車等運輸設備。雖然這些營運所需的資源大多是有實際形體的有形資源，但某些資源可能是無形的，即該項資源並無實際的形體存在，企業擁有的是該項資源的所有權，例如：企業可購買製造某產品或製造流程的專利權 (Patent Rights)。

企業所擁有的有形或無形的資源，均稱為「資產」(Assets)。這些資產對

於企業未來的營運均具經濟效益，而且其效益將及於目前及未來經營的壽命期間。

企業所擁有的資產通常是透過融資、投資或營運的活動所取得。例如：當資產是透過融資活動取得時，意指企業將透過舉債或發行股票的方式所籌措得來的資金用來購置投資或營運活動所需的資產。再者，企業可以透過投資的活動將現金用來購買營運所需的資產。最後，企業亦可透過營運的活動取得資產，此部分將於介紹現金流量表時再詳述。

資產可以不同的面貌呈現。其中有形的資產包括：現金 (Cash)、土地 (Land)、財產 (Property)、廠房 (Plant) 及設備 (Equipment) 等。另外，無形資產包括：專利權 (Patents)、商譽 (Goodwill)、商標 (Trademarks)、版權 (Copyrights) 等；亦或應收顧客的款項，稱為「應收帳款」(Accounts Receivable)，這些均為廣義的無形資產。慣例上，無形資產按其所有權期間的長短，所有權超過一年以上者屬於長期性的資產，可能於一年或一個營業循環內回收現金者屬於流動性資產。

至於企業所預付的保險費或房租等費用，通常其對企業所提供的經濟效益僅止於當年度的會計年度，因此習慣上被歸屬在「預付費用」(Prepaid Expenses) 的項目。

三、營運活動 (Operating Activities)

一旦企業取得營運活動所需的資源後，管理當局便開始按其策略著手進行各項營業任務。例如：IBM 電腦公司的營運方針為大量生產個人電腦後，以低價策略搶攻年輕族群市場。當 IBM 電腦公司銷售一台個人電腦時，便產生一項「收入」(Revenue)。

收入的產生主要是因銷售商品或提供勞務而促使資產的增加，會計上再進一步按其發生的原因分成不同的收入項目。換言之，企業因銷售商品而產生的收入稱為「銷貨收入」(Sales Revenues)；企業因提供勞務而產生的收入則稱為「服務收入」(Fees Revenues)。

企業為了賺取以上的收入，必須發生一些購貨的成本及其他的營業費用，例如：支付給員工的薪資費用、支付房租費用、保險費用、廣告費用、水電

費、運費、稅捐等，這些為了賺取收入而付出的代價或花費，均稱為「費用」(Expenses)。會計上根據這些花費的性質，將商品存貨的購買成本稱為「銷貨成本」(Cost of Merchandise Sold, Cost of Sales, Cost of Goods Sold)，其他的花費則按照銷售部門以及管理部門的花費分別歸屬於「銷售費用」(Selling Expenses) 以及「管理費用」(Administrative Expenses)。其中銷售費用是指那些與產品銷售或勞務的促銷有關的花費，例如：業務員的薪資費用、銷售員的佣金、銷貨運費、廣告費等推銷的費用。管理費用則指那些產品的銷售或勞務的促銷以外的花費，例如：辦公人員的薪資、文具用品等其他辦公事務費用。

當企業的收入超過費用時，便產生「淨利」(Net Income)。反之，當企業的收入小於費用時，便產生「淨損」(Net Loss)。

練習題 ▶

一、選擇題

1. 財務會計應遵循下列何者處理?
   (A)業主指示
   (B)稅法規定
   (C)一般公認會計原則
   (D)管理理念　　　　　　　　　　　　　　103 年記帳士

2. 會計處理程序正確的順序為:
   (A)衡量、認定、記錄、溝通
   (B)認定、記錄、衡量、溝通
   (C)認定、衡量、記錄、溝通
   (D)認定、記錄、溝通、衡量　　　　　　　103 年記帳士

3. 以下有關資本定義及維持觀念之敘述，正確的有幾項　①會計上常用的為
   企業損益的計算和資本定義及維持觀念有關　②根據資本維持的所得觀
   念，企業原有的資本必須維持完整，超過投入部分才是盈餘　③大多數企
   業編製財務報表時採用實物資本 (Physical Capital) 觀念　④企業對適當資
   本觀念之選擇，可以財務報表使用者之需求為基礎　⑤財務資本
   (Financial Capital) 維持觀念必須採用現時成本衡量基礎
   (A)五項
   (B)四項
   (C)三項
   (D)二項　　　　　　　　　　　　　　　　101 年地特

4. 財務報表中說明公司所採用會計方法的部分在
   (A)公司簡介
   (B)資產負債表
   (C)財務報表附註
   (D)審計查核報告書　　　　　　　　　　　101 年記帳士

5. 整份財務報表包括下列何者　①綜合損益表（含損益表）　②保留盈餘表

③權益變動表 ④資產負債表 ⑤現金流量表 ⑥附註：會計師審計報告

(A)僅①②④⑤⑥

(B)僅①③④⑤⑥

(C)僅①②④⑤⑥

(D)僅①③④⑤⑥ 101 年 5 等

6. 下列何者非屬財務報表要素？

(A)資產、負債

(B)企業員工的價值

(C)權益

(D)收益及費損 101 年初等

二、問答題

1. 下列敘述分別描述不同企業組織型態的實務運作情況。試分別指出該項敘述應歸屬於獨資、合夥或公司的組織型態。

(1)高歌公司的所有權被分割為 3,000 股

(2)麗華小姐擁有卓飛公司，她對該公司的負債有無限清償責任

(3)小翰先生與小莉小姐共同擁有一間提供金融服務的富裕金融公司，針對富裕金融公司的負債，小翰先生與小莉小姐均未有無限清償責任

(4)林小姐與林先生擁有從事快遞服務的捷飛公司，他們對公司的負債皆負有無限清償責任

(5)海志企業並沒有繳稅並且只有一個所有人

(6)卓飛公司付它自己的稅並有兩個所有人

2. 試將下列每一項任務分別歸屬於其應有的組織活動之形式：融資活動 (F)、投資活動 (I) 或營運活動 (O)。

_____ (1)一位業主提供資源給企業

_____ (2)一個組織購買設備

_____ (3)一個組織廣告新產品

_____ (4)一個組織從銀行借錢

_____ (5)一個組織賣掉它的部分資產

3. 許多會計專家從事下列三項領域的其中一項：

A.財務會計

B.管理會計

C.稅務會計

試確認下列每一項職責，應屬於那一項會計的領域？

_____(1)審查財務報表

_____(2)規劃交易以達稅務最小化

_____(3)成本會計

_____(4)編製對外的財務報表

_____(5)為了對證券交易委員會的承諾檢閱報表

_____(6)預算

_____(7)內部決算

_____(8)調查對稅務法律的違反

4.一家新成立的公司在第一年的營運當中，通常會從事下列的交易事項。試將這些組織營運活動的交易分別歸屬於此三項種類的其中一項。

A.融資

B.投資

C.營運

_____(1)捐土地給企業

_____(2)購買建築物

_____(3)購買土地

_____(4)從銀行借現金

_____(5)購買設備

_____(6)銷售並分配產品

_____(7)實施廣告

_____(8)支付員工薪資

5.一家新成立的公司在第一年的營運當中通常會從事下列的活動。試將下列每一項活動分別歸類於三項主要活動中的其中一項。

A.融資

B.投資

C.營運

_____(1)提供服務

_____(2)獲得銀行借款

_____(3)購買機器

_____(4)研究產品

_____(5)管理勞工

_____(6)捐存款給企業

_____(7)租辦公室

_____(8)支付公共費用

第二章

會計資訊使用者與會計恆等式

前　言

　　本章將為後續的會計循環流程進行準備，以建立正確的會計處理觀念。

　　首先介紹與企業攸關的利害關係人以及會計資訊使用者，以瞭解企業提供會計資訊的報導目標。接著，說明會計恆等式 (Accounting Equation) 的基本原理及其應用的範圍，以建立正確的交易分析觀念，作為會計處理之基礎。最後，說明企業的財務報導必須具備的職業道德規範與倫理。

學習架構

- ■ 介紹利害關係人及會計資訊使用者之概念。
- ■ 瞭解會計恆等式的基本原理與應用。
- ■ 說明企業財務報導須具備的道德規範。

2-1 企業的利害關係人及會計資訊使用者

一、企業的利害關係人

一企業是否能夠有效地透過其經營策略予以提昇其顧客價值，是維繫該企業的經濟績效與其利害關係人權益之關鍵因素。

所謂企業的「利害關係人」(Stakeholders)，係指對於企業的經濟績效與福祉感到興趣的個人或團體，稱為利害關係人。通常包括：企業的所有者 (業主或股東)、產品供應商、企業內部的管理階層、員工、顧客、債權人、政府機構。Warren & Reeve (2004) 便進一步將這些利害關係人再分為以下四類：

1. 資本市場的利害關係人

主要提供企業融資的資金來源，促使企業順利取得資金並開始正常營運。包括：

⑴銀行或其他長期的債權人 (Creditors) 在乎企業能否按時償還本金與利息。

⑵業主與股東均追求其投資經濟價值是否達到最大化的目標，因此對於企業的獲利狀況亦感到高度的興趣。

上述資本市場的利害關係人均在承擔若干的風險之下，追求適度的投資報酬率。但是，當企業經營不善面臨破產階段時，在法律上，銀行或其他長期債權人對於企業的資產具有優先求償順位 (Claims)。換言之，銀行或其他長期債權人擁有優先分配剩餘資產價值的權利，其次才是業主或股東。因此，銀行或其他長期債權人所承擔的投資風險較業主或股東為低，其預期的投資報酬率亦相對地較業主或股東為低。

2. 商品或勞務市場的利害關係人

指有形商品或無形勞務的購買者，以及企業的供應商。例如：當某家企業宣告破產時，忠實的消費者便再也買不到該公司的產品來使用了。同樣地，乘客預購了悠遊卡之後，最關心的事情當然就是捷運、公車等大眾運輸系統是否正常營運。

另一方面，站在企業的原物料供應商的立場而言，他們提供技術或資本設備供企業生產商品，以滿足消費者的需求。若顧客轉移其偏好或不願再繼

續購買後，企業在營業額衰退之下，必定也會因生產規模的縮減進而連帶地影響到供應商的業績。

3.政府部門的利害關係人

中央或地方政府為了向企業徵收規費或向其員工收取稅捐，亦關心企業是否有賺錢。因此，為了擴大稅基，某些地方政府會提供一些獎勵投資的誘因，以鼓勵企業到該地區設廠或經營事業。

4.企業內部的利害關係人

包括企業內部的員工，以及股東授權管理公司的管理階層。

透過企業的財務與經濟績效的表現，可以反映該企業的管理階層的管理能力之良莠。若企業的績效表現不佳，經理人員常遭受企業股東大會的解雇的威脅。反之，當企業的經濟績效表現卓越時，則經理人員的薪資或紅利常常亦獲致相對的回饋。因此，經理人員的報酬水準常與企業的經營績效息息相關。

在企業所聘雇的員工方面，員工為企業提供勞務以換取薪資酬勞，因此，企業是否有獲利能力、甚至是否得以永續生存發展，更是決定員工是否得以保住飯碗的關鍵因素。當企業營運能力衰退時，員工常遭至減薪或裁員的命運，為保障員工的工作權，工會組織便扮演一個相當重要的協調角色。

另一方面，上述的企業利害關係人可另分成「內部人士」與「外部人士」兩種會計資訊使用者。

二、會計資訊之使用者

1.外部人士 (External User)

外部人士係指未直接涉入企業的個人或團體。包含：債權人（Creditors, Lenders，常見者為供應商或銀行）、股東 (Shareholders, Owners)、董事會 (Board of Directors)、顧客 (Customers)、供應商 (Suppliers)、政府機構或主管機關 (Governments, Regulators)、律師 (Lawyers)、經紀商 (Brokers)、工會 (Labor Unions)、外部審計人士 (External Auditors)、學術研究機構。其中投資人運用會計資訊以決定是否買入、繼續持有或賣出公司的股票；債權人運用會計資訊以評估授信或放款之風險。

　　專門提供企業外部人士使用的會計資訊系統，稱為「財務會計」(Financial Accounting)，亦為本書所涵蓋的範圍，作用是為投資人、債權人及其他外部人士提供經濟或財務資訊。

2. 內部人士 (Internal User)

　　內部人士係指直接涉入企業的管理及營運者。包含：

⑴經營管理當局 (CEO, Managers)

　　包含參與企業的規劃、組織與營運的經理人，例如：研究與發展、採購、人力資源、生產、配銷、行銷、服務等。

⑵職員 (Officers, Employees)

⑶銷售人員、預算人員、主計長 (Sales, Budget Officer, Controller)

⑷內部稽核人員 (Internal Auditors)

　　專門提供企業內部人士所需之即時與詳細的資訊，以協助提升組織效率及效能之財務資訊，稱為「管理會計」(Managerial Accounting)。例如：作業方法的財務比較、下年度之現金需求預測等。

2–2 會計恆等式

　　會計恆等式 (Accounting Equation) 的兩項基本要素為：企業所擁有的資源 (What It Owns) 與所欠的債務 (What It Owes)。「資產」(Assets) 代表企業所擁有的經濟資源，這些資源絕不是從天上掉下來的，而是來自於舉債以及業主的出資，於是構成了「負債」及「業主權益」；其中債權人擁有的企業所欠債務之請求權稱為「負債」(Liabilities)，業主擁有的企業資源之請求權稱為「權益」(Equity)，換言之，負債與業主權益均對企業的資源擁有請求權 (Claims)。例如：宏碁電腦公司擁有總資產新臺幣 20 億元，其中新臺幣 8 億元為負債、新臺幣 12 億元為權益，表示宏碁公司的負債與權益對於該公司的總資產新臺幣 20 億元擁有請求權。因此，資產是由負債與權益所構成之基本會計恆等式 (Basic Accounting Equation) 必定成立，故稱為「恆等式」。

投資　=　　　　融資

資產　=　　負債　+　　業主權益

(Assets) = (Liabilities) + (Owner's Equity)

上述等式稱為會計恆等式。例如：旺旺食品在 2011 年 12 月 31 日的資產為 585.69 億元，等於其負債 272.09 億元加上業主權益 313.60 億元：

資產　=　負債　+ 業主權益

$585.69 = $272.09 + $313.60

　　會計恆等式在所有時間對所有組織都適用，無論其規模大小、企業特性或組織型態，即便小至街角的雜貨店等獨資企業或大至跨國集團仍然適用。會計恆等式提供了分析、記錄與彙整經濟事項的基礎架構，這是會計很重要的一部分，後續整本書中都將使用會計恆等式來分析交易。

　　在會計恆等式中，資產 (Assets) 為企業所擁有的資源，能夠於未來提供經濟效益或服務之能力，以使企業從事生產或銷售等活動。企業的資產項目一般涵蓋：現金、應收帳款、應收票據、有價證券、存貨、財產、廠房與設備等。負債 (Liabilities) 為企業於未來必須支付的義務，其對於資產具有請求權，如：應付帳款、應付票據、應付所得稅、應付費用、應付公司債等。權益為總資產減掉總負債後剩下的餘額，亦即對企業總資產所有權 (Ownership) 之請求權，在獨資或合夥的組織型態，稱為業主權益 (Owners' Equity)，在公司的組織型態，稱為股東權益 (Stockholders' Equity)。通常企業的收入減費用後的盈餘 (Surplus)，期末結帳時將會結轉至權益項下。當產生盈餘時將會增加權益；反之，當產生虧損時將會減少權益。

2-3 財務報導需具備的道德規範

　　道德規範及道德的行為很重要，這部分將解釋道德規範及其對組織的影響。道德規範對會計師很重要，會計的目的是提供有用的資訊以供決策，因為資訊是有用的，所以必須可以被信任，故會計需要道德規範，而這個部分

也會討論組織的社會責任。

一、瞭解道德規範

　　道德是辨別對與錯的準則，是好與壞的行為標準。道德規範和法律通常是一致的，所以許多不道德的行為是違法的（如偷竊及暴力行為），但有些行為是合法的卻被認為是不道德的，如不幫助需要的人們。因為道德規範及法律之間的差異，我們不能以為法律可使人有道德。

　　確認道德規範的過程有時很困難，較好的方式是避免其行為過程會影響我們的決策。例如，如果查帳人員的報酬取決於客戶的成功，則會計使用者較不會信任該查帳人員的報告。為避免此類的考量，通常會訂定道德規範，例如，查帳人員被禁止投資其客戶，且查帳人員的報酬不能取決於客戶報告中的數字。因此，道德行為的承諾需要在做道德規範決策前審慎思考。

二、會計的道德規範

　　道德規範對會計是很重要的，會計資訊的提供者在編製財務報告時，通常會面對道德的抉擇，他們的抉擇可能會影響金錢的使用及收受，包括欠稅及分配給股東的股利，他們可能會影響買方支付的價格及支付予員工的薪資。錯誤的資訊會導致企業錯誤的決策而關閉，因而傷害了員工、客戶、供應商，故會計的道德規範勢必要訂立，而這些規範也適用於美國會計師協會及管理會計師協會。當遇到道德兩難的困境時，這些規範可有所幫助，例如，企業通常會以收益的金額為基礎給予管理者紅利，管理者可藉由會計來提高其紅利，而減少了員工薪資、訓練計畫及社區捐贈等。道德規範也可以協助處理機密資訊，例如，查帳員可接觸到企業機密的薪資及策略，如果查帳員將這類的資訊傳出，企業可能會受到傷害，為避免這些問題，查帳員的道德規範中有保密的義務。內部會計人員同樣也不能利用機密資訊為自己謀利。

練習題 ▶

一、選擇題

1. 甲公司期末帳載資料顯示其流動資產 $100,000、存貨 $10,000、流動負債 $30,000、非流動資產 $80,000、非流動負債 $60,000、應付公司債 $20,000，試問期末權益為若干?

    (A) $70,000

    (B) $80,000

    (C) $90,000

    (D) $100,000　　　　　　　　　　　　　　　　　　　103 年地特

2. 甲公司 X1 年底之總資產為 $1,300,000，負債為 $570,000；X2 年現金增資 $300,000，當期淨利 $180,000，並發放股利 $260,000。若無其他影響項目，則甲公司 X2 年底之「權益」金額為何?

    (A) $900,000

    (B) $950,000

    (C) $1,000,000

    (D) $1,150,000　　　　　　　　　　　　　　　　　103 年地特

3. 下列敘述何者正確?

    (A)收入大於費用，資產必定增加

    (B)資產增加，權益必然等額增加

    (C)企業虧損時，會計方程式依然平衡

    (D)期末資產與期初資產之差額即代表本期損益　　　　103 年初等

4. 會計恆等式，用來呈現企業擁有之經濟資源與這些資源的來源會相等，請問以下四種恆等式的表達，何者正確?

    (A)資產 + 股東權益 = 負債

    (B)資產 + 費用 = 負債 + 股本 + 期初保留盈餘 + 收入

    (C)資產 = 負債 + 期初股本 + 期初保留盈餘 + 本期股東投資 + 費用

    (D)資產 + 收入 − 費用 = 負債 + 股本　　　　　　　　102 年地特

5. 三洋公司 X1 年底有負債 $100,000、資產 $750,000。年初有負債 $30,000,

X1 年中股東投入 \$100,000； X1 年度總收入為 \$360,000，總費用為
\$320,000，試問 X1 年初資產總額為多少？

(A) \$140,000

(B) \$510,000

(C) \$540,000

(D) \$650,000　　　　　　　　　　　　　　　　　　　102 年記帳士

6. 甲公司 X9 年底財務資料如下：資產 X9 年度增加數為 \$366,000，股本增加
數為 \$225,000，流動負債增加數為 \$53,000，資本公積增加數為 \$24,500，
非流動負債增加數為 \$65,000。甲公司 X9 年度支付現金股利 \$48,000，且
並無其他綜合損益項目，則 X9 年度損益為何？

(A)淨損 \$1,500

(B)淨損 \$49,500

(C)淨利 \$46,500

(D)淨利 \$48,000　　　　　　　　　　　　　　　　　　　103 年 4 等

7. 甲公司調整後結帳前會計科目均為正常餘額，各科目的餘額如下：
租金費用 \$5,000、預付費用 \$3,000、現金 \$20,000、預收收入 10,000、銷貨
收入 40,000、股本 3,000、銷貨成本 25,000。則當年度淨利金額是

(A) \$7,000

(B) \$10,000

(C) \$15,000

(D) \$20,000　　　　　　　　　　　　　　　　　　　101 年地特

8. 甲公司期初之權益為 \$750,000，當期淨利 \$150,000，發放股票股利
\$200,000。請問若無其他影響項目，則甲公司年底之權益金額為何？

(A) \$600,000

(B) \$700,000

(C) \$800,000

(D) \$900,000　　　　　　　　　　　　　　　　　　　101 年身心障礙

9. 甲公司本期進貨付現數為 \$420,000，期初存貨為 \$48,000，期末存貨為
\$40,000，期初預付貨款為 \$56,000，期末預付貨款為 \$52,000，期初應付帳

款餘額為 $21,000，期末應付帳款餘額為 $28,000，則銷貨成本為何？

(A) $401,000

(B) $415,000

(C) $431,000

(D) $439,000　　　　　　　　　　　　　　　　101 年身心障礙

10.乙公司 X5 年期初應收帳款 $520、存貨 $510，期末應收帳款 $490、存貨 $450，當年賒銷淨額為 $1,200，試問乙公司當年自顧客收現金額為多少？

(A) $1,110

(B) $1,170

(C) $1,230

(D) $1,290　　　　　　　　　　　　　　　　101 年身心障礙

二、問答題

1.運用會計恆等式，回答下列問題。

　(1)鼎信公司的總資產為 $1,200,000，權益為 $480,000，則該公司的負債金額為多少？

　(2)東普公司的總資產為 $600,000，並且它的負債和權益的金額是相等的。

　　試問：東普公司的負債等於多少？權益等於多少？

2.試判斷下列每一個個別案例中，所遺漏的金額應為多少？

資產	=	負債	+	權益
(1) $ 1,920,000	=	$1,020,000	+	?
(2) $12,000,000	=	?	+	$5,400,000
(3) ?	=	$4,632,000	+	$1,128,000

3.運用會計恆等式，計算財務報表上遺漏的金額應為多少？

資產	=	負債	+	權益
(1) ?	=	$480,000	+	$1,080,000
(2) $2,400,000	=	$816,000	+	?
(3) $3,696,000	=	?	+	$ 960,000

4.運用會計恆等式，判斷下列個別案例的金額應為多少？

　(1)已知某企業的資產為 $4,680,000、負債為 $5,520,00，則該企業的權益應

為多少？

⑵已知某企業的資產為 $3,897,600、權益為 $2,949,600，則該企業的負債應為多少？

⑶已知某企業的負債為 $790,080、權益為 $3,231,720，則該企業的資產應為多少？

5.運用會計恆等式，計算財務報表上遺漏的金額應為多少？

資產	=	負債	+	權益
⑴ $ 960,000	=	$ (a)	+	$240,000
⑵ $ (b)	=	$1,440,000	+	$480,000
⑶ $2,640,000	=	$ 480,000	+	$ (c)

6.運用會計恆等式，回答下列的問題。

⑴周先生的醫療用品公司在 2015 年底的資產為 $2,856,000，負債為 $1,128,000，則該公司在 2015 年底的總權益應為多少？

⑵2015 年初，鼎拓公司的總資產為 $7,000,000，業主權益為 $2,400,000。在 2015 年期間，資產增加了 $1,920,000，負債增加了 $1,200,000。試問：2015 年底的業主權益為多少？

⑶2015 年初，金炬公司的負債為 $1,680,000。在 2015 年期間，資產增加了 $1,440,000，使得 2015 年底的總資產為 $4,560,000；同時在 2015 年期間，負債減少了 $120,000。試問：2015 年的業主權益在期初及期末的金額各為多少？

7. 2015 年底清泉小棧公司及農夫山泉公司的總資產與總負債金額如下：

	清泉小棧 (百萬元)	農夫山泉 (百萬元)
資產	$518,952	$421,224
負債	$290,640	$256,080

試問：清泉小棧公司及農夫山泉公司的業主權益分別應為多少？

8.運用會計恆等式，判斷下列每一項所遺漏的金額應為多少？

	資產	=	負債	+	權益
(1)	?	=	$480,000	+	$756,000
(2)	$1,506,000	=	?	+	$240,000
(3)	$1,368,000	=	$912,000	+	?

9. 唐先生是萬方顧問公司的擁有者與經營者，2015 年 12 月 31 日會計年度結束時，萬方公司擁有 $7,800,000 的資產與 $3,408,000 的負債。試運用會計恆等式並分別針對下列每一項獨立的案例，回答下列問題。

(1) 2015 年 12 月 31 日唐先生資本應為多少？

(2) 假設在 2016 年資本增加 $2,016,000、負債增加 $888,000。試問：2016 年 12 月 31 日唐先生資本應為多少？

(3) 假設在 2016 年資本減少 $192,000、負債增加 $408,000。試問：2016 年 12 月 31 日唐先生資本應為多少？

(4) 假設在 2016 年資本增加 $1,800,000、負債減少 $420,000。試問：2016 年 12 月 31 日唐先生資本應為多少？

(5) 假設在 2016 年 12 月 31 日資本為 $10,200,000、負債為 $2,520,000，並且沒有任何投資或提取。試問：在 2016 年期間產生淨利或淨損的金額為多少？

10. 指出下列(1)~(6)項目，應分別歸屬於：A.資產、B.負債或C.業主權益？

(1) 已賺得的服務費

(2) 用品

(3) 薪資費用

(4) 土地

(5) 應付帳款

(6) 現金

11. 下列資料為某商行 2016 年 5 月 31 日所有：

用品盤存	$ 750	土地	$ 9,000
現金	1,500	房屋	15,000
應付帳款	21,500	辦公設備	20,000
應收帳款	6,100	業主資本	?

試分別求其資產、負債及業主資本之金額。

12. 文華商店之會計資料如下:

　⑴期初資產總額 $45,000

　⑵期初負債總額 $15,000，期末負債總額 $20,000

　⑶本期業主投入資本 $20,000，提取 $32,000。本期收入 $50,000，費用
　　$36,000

　試求期末資產總額。

13. 建興商店 2016 年初權益為 $32,000，當年度業主未再投資，亦未提取。

　2016 年底該店資產及負債帳戶之餘額如下:

現金	$25,000	應收帳款	$36,000
商品存貨	14,000	運輸設備	20,000
應付票據	24,000	應付銀行借款	30,000

　試計算建興商店 2016 年度之淨利金額。

14. 帆帆商行營業第一年各項資料如下，試計算 a~d 的金額。

現金	$ 8,000	資產總額	$120,000
廣告費	2,000	租金費用	c
房屋	80,000	土地	15,000
應收帳款	a	本年淨利	20,000
銷貨收入	60,000	提取	5,000
銷貨成本	b	銷貨毛利	30,000
應付帳款	15,000	資本	d
薪資費用	6,000	商品存貨	10,000

　註: 銷貨毛利為銷貨收入減銷貨成本之差額。

第三章

會計資訊品質特性與國際財務報導準則

前　言

　　鑒於財務資訊是投資人與企業經營階層制訂決策之重要參考指標之一，而會計準則為編製財務資訊的基礎。因此，許多國家皆訂定一套會計準則以作為編製財務資訊之遵循依據。

　　本章首先介紹編製一般目的財務報表時應具備的會計資訊品質特性；再說明國際上現行採用的「國際財務報導準則」(International Financial Reporting Standards, IFRS) 與傳統「一般公認會計原則」(Generally Accepted Accounting Principles, GAAP) 的內容並比較兩者的異同處，最後介紹一般公認會計原則之內涵，以瞭解財務資訊編製之基礎。

學習架構

■ 介紹企業編製一般目的財務報表時，應具備之會計資訊品質特性之內涵。

■ 說明國際財務報導準則與一般公認會計原則的內容，並比較其與我國會計準則之異同處。

■ 瞭解一般公認會計原則之內涵。

3-1 一般目的財務報表應具備之品質特性：會計資訊品質特性

　　為能因應投資者、債權人、企業管理階層、學術或研究機構、政府機構等利害關係人對於財務資訊的一般性共同需求，並使企業的財務報表可進行跨期間或不同企業間的比較。因此，由廣泛使用者的需求與觀點所編製的財務報表稱為「一般目的財務報表」(General-purpose Financial Statements)，其應具備的品質特性稱為「會計資訊品質特性」。

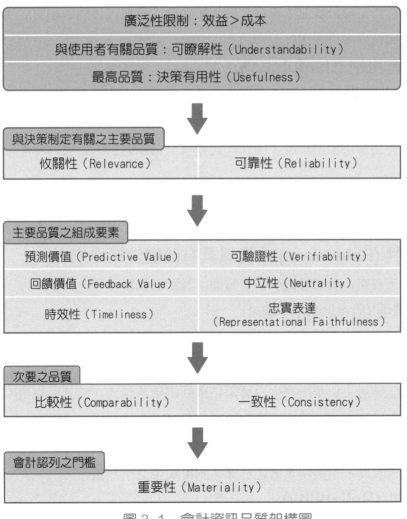

圖 3-1　會計資訊品質架構圖

以下針對上述會計資訊品質特性的架構，詳細說明如下：

一、廣泛性限制

1. 成本效益關係

會計資訊所產生之效益應高於成本，才值得提供。

2. 可瞭解性 (Understandability)

使會計資訊容易被使用者（如：投資者、債權人、企業管理階層、學術或研究機構、政府機構等利害關係人）所瞭解。亦即會計資訊必須讓使用者容易明瞭，同時資訊使用者須合理認識一般的商業或經濟活動，且能用心研讀財務報表，則會計資訊才能發揮最大的功能。足見，可瞭解性需要會計資訊提供者與使用者之間相互配合。

3. 決策有用性 (Usefulness)

會計人員若能編製出符合各類使用者所需求的財務報表，則對於使用者在制訂決策時將更為有用。換言之，按使用者的特別需求而量身訂做的財務報表，將有助於決策的制訂，因此，此種會計資訊對於決策者而言將是更有用的。

二、主要的品質特性

1. 攸關性 (Relevance) 或資訊具有改變決策之能力

與決策有關，對問題之解決有幫助。其組成要素有三：

⑴預測價值 (Predictive Value)

資訊能幫助決策者預測未來可能的結果，以做出最佳的選擇。

⑵回饋價值 (Feedback Value)：檢討過去之預期對或不對

資訊能將過去決策所產生之實際結果回饋給決策者，使其與原預期結果相比較，有助於未來決策。

⑶時效性 (Timeliness)

資訊應及時提供給決策者，亦即在制訂決策之前提供。

2. 可靠性 (Reliability)

資訊能免於錯誤 (Must Be Free From Error)、偏差，並忠實表達事實真

相。其組成要素有三：

⑴可驗證性 (Verifiability)

　　由不同人採用一衡量方法，對同一事項加以衡量，而能得到相同或類似
之結果，即為可驗證性。亦即確保會計資訊不受衡量人個人偏見之影響。例：
如二人估計之耐用年限相同。

⑵中立性 (Neutrality)

　　在制訂或選用會計原則或政策時，所應考慮者為「能否忠實表達經濟實
況」，而非「可能產生之經濟性結果」。亦即不能預先決定要產生何種經濟性
結果或行為，再操縱會計資訊使該結果或行為發生。

⑶忠實表達 (Representational Faithfulness)

　　選擇正確之衡量方法，減少衡量方法之偏差，使會計資訊更能表達經濟
活動之真實情況。例：效益逐年下降，應採加速折舊法。

三、次要的品質特性

1.比較性 (Comparability)

　　指能使資訊使用者從兩組經濟情況中區別其異同點。當經濟情況相同時，
會計資訊應能顯示相同的情況；反之，當經濟情況不同時，會計資訊亦應能
反映其差異。不同公司或事項之比較能表達相同或差異之處。

2.一致性 (Consistency)

　　為了使同一公司不同年度的財務報表具有比較性，會計人員在衡量及報
導經濟事項時，所採用的會計原則、方法或程序，應前後年度一致。

　　一致性並不表示公司絕對不能變更會計原則或方法，但是變更時需有正
當理由，亦即採用新的會計方法比原來方法更能公正衡量及表達經濟實況，
並應在報表中將變動之性質及其理由，連同此項變動對損益之影響，加以揭
露。

四、提供會計資訊之限制：重要性 (Materiality)

　　當資訊足以影響使用者之判斷與決策時，即具重要性。具重要性之資訊
應提供，而不具重要性之資訊，則無須提供。

3-2　國際財務報導準則 (IFRS) 與一般公認會計原則 (GAAP)

一、會計準則的發展與分類

會計原則為編制財務報表的基礎，目前國際上主要通用的會計原則可分為兩類：

(1)一般公認會計原則 (Generally Accepted Accounting Principles, GAAP)

會計事務上的共同準則，各國會訂定國內通用的 GAAP，例如美國的會計原則是以隸屬於財務會計基金會 (Financial Accounting Foundation, FAF) 的美國財務會計準則委員會 (Financial Accounting Standard Board, FASB) 制定及發布的公報為主，美國主要是採詳細規則 (Rule-based) 訂定會計準則，對於各項會計處理之適用條件及方法作鉅細靡遺地規範，即提供企業揭露其營運績效與財務狀況的一套規範，以利外界遵循。由於過去美國會計準則最具權威性，許多國家會計準則均參酌美國會計準則訂定當地會計準則[1]。

(2)國際財務報導準則 (International Financial Reporting Standards, IFRS)

國際財務報導準則包含兩套公報，一是國際會計準則委員會 (International Accounting Standards Board, IASB) 發布的「國際財務報導準則」(IFRS)，以及 IASB 之前身——國際會計準則委員會 (International Accounting Standards Committee, IASC) 發布的國際會計準則 (International Accounting Standard, IAS)。國際會計準則主要是採會計原理原則 (Principle-based) 訂定，不訂定細部之規定，允許使用會計專業判斷[1]。

目前全球大約已有 100 多個國家規定或允許採用 IFRS，如：歐盟自 2005 年起，便要求上市櫃公司必須依照 IFRS 編製財務報表，美國的 FASB 也開始與 IASB 合作整合會計原則。因此，IFRS 已是當前最普遍的財務報導基礎。

---

1. 資料來源：台灣證券交易所

　　我國的會計準則，主要由財團法人中華民國會計研究發展基金會下設立
之財務會計準則委員會發布的「財務會計準則公報」及「財務會計準則公報
解釋」為主。基於國際資本市場的整合，且因應國際會計準則全球化的潮流，
我國金融監督管理委員會已經宣布自 2013 年起所有上市櫃公司財務報表的
編製須全面遵行 IFRS。

　　茲將會計準則的分類彙整於表 3–1 所示。

表 3–1　會計準則的分類

基礎	會計準則分類	制訂及發布的權威機構	會計準則名稱
會計原理原則 (Principle-based)	國際會計準則公報	國際會計準則委員會 (IASC)	國際會計準則 (International Accounting Standard, IAS)
詳細規則 (Rule-based)	一般公認會計原則 (Generally Accepted Accounting Principles, GAAP)	美國財務會計準則委員會 (Financial Accounting Standard Board, FASB)	美國一般公認會計原則 (GAAP)
		國際會計準則委員會 (International Accounting Standards Board, IASB)	國際財務報導準則 (International Financial Reporting Standards, IFRS)

　　由於本章所介紹的是會計基本概念，國際會計準則與國內現行財務會計
準則公報並無重大差異。

二、國際財務報導準則 (IFRS) 與一般公認會計原則 (GAAP) 之差異

　　截止 2007 年 8 月 31 日止，IFRS 與美國 GAAP 公告的所有公報及解釋

函令，讓全球資本市場的參與者皆能立即瞭解兩者間的主要觀念與關鍵差異處，據以制訂最佳的決策。

IFRS 與美國 GAAP 在損益衡量方面皆採用應計會計基礎，即資產與負債應認列於「財務狀況表[2]」(Statement of Financial Position)，收入與費用應認列於「綜合損益表」(Statement of Profit and Loss and Other Comprehensive Income)。然而，財務會計準則委員會 (FASB) 與國際會計準則委員會 (IASB) 在施行的觀念上卻存在差異性。例如：美國 GAAP 強調配合原則以及在損益表上的衡量項目。因此，收入是在已賺得的期間加以認列，費用是在已發生的期間予以認列。由於收入與費用的認列，因而產生資產負債表上的資產或負債的增加、減少或兩者的增減之影響。另一方面，IFRS 則強調資產與負債應按公平價值 (Fair Value) 認列於財務狀況表，故而資產或負債的增加、減少或兩者的增減乃是因應綜合損益表的收入與費用認列之影響。換言之，IFRS 基礎下的收入與費用的認列乃是配合財務狀況表的資產與負債之評價程序。因此，IFRS 基礎下的損益衡量，公平價值的決定實為相當重要。(Needles & Powers, 2012)[3]。表 3-2 彙整比較 IFRS 與 GAAP 之評價基礎。

表 3-2　IFRS 與 GAAP 評價基礎之比較

項目	國際財務報導準則 (IFRS)	美國會計原則 (GAAP)
現金	・現金包括自取得日起三個月內或少於三個月內到期的約當現金 ・現金亦包含銀行透支 ・以公平市價 (Fair Value) 評價	・類似 IFRS ・但銀行透支被排除 ・以公平市價評價
約當現金	・以公平市價或已攤銷成本 (Amortized Cost) 評價	・類似 IFRS

---

2. 我國採行 IFRS 後原應將資產負債表改稱財務狀況表，但 IFRS 對於財務報表之名稱並無強制規定，且金管會考量國內投資人已習慣使用資產負債表之名稱，在影響不重大及未違反 IASB 規定等考量下，企業仍可繼續使用資產負債表一詞。

3. Belverd E.Needles, Jr.and Marian Powers(2012).IFRS supplement to accompany, Financial Accounting.11th Edition.South-Western, USA.

項目	國際財務報導準則 (IFRS)	美國會計原則 (GAAP)
應收款項	• 以淨變現價值 (Net Realizable Value) 評價	• 以公平市價評價
存貨	• 以成本與淨變現價值孰低法評價 • 可採用先進先出法 (FIFO)、後進先出法 (LIFO) 或加權平均法 (Average Cost) 決定存貨成本	• 可採用個別認定法、先進先出法、後進先出法或加權平均法評價
「存貨跌價損失」、「存貨報廢損失」於損益表之表達方式	• 存貨跌價損失、存貨報廢損失應列為「營業成本」之一部分	• 類似 IFRS
短期投資	• 以公平市價或已攤銷成本評價	• 類似 IFRS
長期投資	• 以公平市價或按權益調整後成本評價	• 以公平市價評價或成本原則
固定資產	• 固定資產之續後評價，可依「歷史成本法」或「重估價值法」 • 在重估價值法下，須定期對該資產同類別的所有項目進行重估價	• 固定資產之續後評價，須採「歷史成本法」 • 不允許採重估價值法
財產	• 以取得成本 (Purchase Cost) 評價 • 若有減損，則按公平市價評價	• 類似 IFRS
廠房及設備	• 以可折舊成本 (Depreciated Cost) 評價 • 若有減損，則按公平市價評價	• 類似 IFRS
有既定年限的無形資產	• 以可攤銷成本評價 • 若有減損，則按公平市價評價	• 類似 IFRS
無既定年限的無形資產（包含商譽）	• 以歷史成本評價 • 若有減損，則按公平市價評價	• 類似 IFRS
購得的無形資產	• 若滿足認列條件，則予以認列，並按使用年限攤銷	• 類似 IFRS • 不允許進行資產重估

項目	國際財務報導準則 (IFRS)	美國會計原則 (GAAP)
	• 對於使用年限不確定的無形資產，在持有期間內不需要攤銷，但應至少每年進行資產減損測試 • 特殊情況下，允許資產重估價	價
內部產生的無形資產	• 研究階段的有關支出在發生時，應予以費用化 • 開發過程中發生的費用，在符合一定條件的情況下，應認列為無形資產並予以攤銷	• 與 IFRS 不同，研究與開發階段發生的費用，應予以費用化 • 但某些電腦軟體及網路開發過程中所發生的費用，應予資本化
「資產減損損失」於損益表之表達方式	• 若採用「功能別」表達損失或費用，則資產減損損失應歸屬於其相關的功能別之費用項下	• 類似 IFRS

以下介紹一般公認會計原則 (Generally Accepted Accounting Principles, GAAP) 的內涵。

3-3 一般公認會計原則 (GAAP)

由美國財務會計準則委員會 (FASB) 共同決議所制訂及發布的公報，提供企業揭露其營運績效及財務狀況之一套規範，其中包含環境的假設、原則及例外情形。

一、基本環境假設

1.企業個體假設 (Business Entity Assumption)

將企業視為一個與業主分離之經濟個體，即企業本身有能力擁有資源並負擔債務。基於此，企業之資產、負債不得與業主個人的資產、負債互相混淆，故業主的交易與企業的交易亦應截然劃分開來。

2.繼續經營假設 (Going–concern Assumption)

假定企業將繼續經營生存下去，不會在可預見的未來清算或解散。此項

假設排除了清算價值之使用，並替成本分攤之會計原則以及流動與非流動之
資產與負債的分類提供了一個理論的基礎。

3.會計期間假設 (Accounting Period Assumption)

將企業的壽命以人為方式劃分段落，以定期結算並編製財務報表，提供
即時的財務資訊給使用者，其中每一段落即為一會計期間。此項假設，主要
基於會計資訊的使用者必須及時瞭解企業經營狀況之需要。

4.貨幣評價慣例 (Monetary Appraisal Assumption)

包含二項意義：

⑴會計上以當地的貨幣為記帳及衡量之單位。

⑵會計上假定幣值不變或變動不大而可以忽略。

二、基本會計原則

1.成本原則 (Cost Principle)

會計上以交易發生時之「歷史成本」作為入帳與評價之基礎，除非有新
交易發生或消耗，否則入帳之成本便不再變動。

2.收益實現原則 (Revenue Realization Principle)

會計人員用以決定何時認列收益的一項指導準則。有關收益認列之條件，
按照 FASB 的規定，應同時符合下列兩項條件，才能認列收益：

⑴已實現或可實現

◆已實現：指商品或勞務已交換現金或對現金之請求權，亦即有交易事項
　的發生。

◆可實現：係指商品或勞務有公開市場及明確市價時，隨時可出售變現，
　而無須支付重大推銷費用或蒙受重大之價格損失。(例如：農產品、黃
　豆)。

⑵已賺得

賺取收益之活動全部或大部分業已完成，此外，必須投入的成本亦全部
或大部分已投入。

3.配合原則 (Matching Principle)

當某項收益已經在某一會計期間認列時，所有與該收益有關之成本，亦

應於同一期間認列為費用，以與收益相配合，正確計算損益。

表 3-3　配合方法適用情況

配合方法	內容	適用情況
直接配屬	在收益認列時，相關之成本亦轉為費用	當成本與收益能直接認定其因果關係者。例如：銷貨成本、銷貨佣金
系統配屬	將成本按有系統而合理之方法，分攤於各受益期間	當成本與收益無直接可認定之因果關係，但具有明確之未來經濟效益。例如：折舊費用
立即認列費用	發生時，立即作為費用	當成本與收益無直接因果關係，又無未來經濟效益。例如：一般之管理費用

4. 充分揭露原則 (Fully Disclosure Principle)

凡對會計資訊的使用者重要、有用之資訊，均應以適當的方式完整地提供。

5. 穩健原則 (Conservatism Principle)

在資產評價或損益取決時，若有不確定的情況，例如有二種以上方法或金額可供選擇，則會計人員應選擇對本期淨資產及損益較為不利的方法或金額。

三、修正性原則

1. 重要性原則 (Materiality Principle)

會計上對不重要事項可採權宜處理，不必遵守嚴格之會計原則。

2. 行業特殊性原則 (Industry Specialty)

為使財務報表達到最大的有用性，會計處理符合可行性，有些特殊行業必須採用特殊會計處理方法，以適合該行業之特性。

上述說法意謂著，若恪守 GAAP 會造成不經濟或資訊較沒用，則允許採用其他方法。

練習題 ▶

一、選擇題

1. 下列有關收入認列之敘述，何者正確？
   (A)甲公司以其屏東加油站之 98 無鉛汽油交換木柵加油站乙公司的 98 無鉛
   汽油時，應按市價認列銷貨收入
   (B)零售業銷貨，顧客不滿意時可以退貨，此時零售業仍保有退貨的風險，
   即使可以估計退貨金額，仍應至退貨期限屆滿才可認列銷貨收入
   (C)銷貨時若賣方應買方之請求而延遲交貨，買方已接受發票，而該商品尚
   未製造完成，此時應於買方接受發票時認列銷貨收入
   (D)附安裝和檢驗條件之銷貨，若安裝檢驗是銷售合約的重要組成部分，則
   應等到買方接受交貨、安裝和檢驗完成時，方可認列銷貨收入

   103 年地特

2. 下列敘述何者正確？
   (A)國際財務報導準則要求資產負債表須改稱財務狀況表
   (B)企業一律不得將資產與負債或收益與費損互抵
   (C)企業應至少每年提供一次整份財務報表
   (D)除管理階層意圖或必須清算該企業或停止營業外，企業編製財務報表應
   基於經濟個體假設　　　　　　　　103 年地特

3. 乙公司向丙公司承租機器設備，租賃期間 8 年，乙公司得於租賃期間屆滿
   時，以優惠價格買下該機器設備。乙公司將此項機器設備採用營業租賃方
   式處理，則乙公司違反下列何種資訊品質特性或會計原則？
   (A)時效性
   (B)中立性
   (C)完整性
   (D)忠實表述　　　　　　　　　　103 年原住民

4. 對會計期間假設，下列敘述何者正確？
   (A)一項會計交易原則只影響一個會計期間
   (B)會計期間必須以 1 月 1 日到 12 月 31 日為一完整會計年度

(C)將企業經濟上之營業期間以人為方式分割成相等的期間，以適時提供資
　　訊幫助管理者規劃決策

(D)會計調整必須要在會計期間結束時記錄　　　　　　　　103 年身心障礙

5. 依照 IAS18，銷售商品應於下列條件完全滿足時認列收入　①企業已將商
　品所有權之重大風險及報酬移轉給買方　②企業對於已經出售之商品既不
　持續參與管理，亦未維持有效控制　③收入金額能可靠衡量　④與企業有
　關之經濟效益很有可能流入企業。以及下列何者？

(A)賣方須承擔貨物價值變動之風險

(B)賣方已提供足夠之售後保證服務給買方

(C)收到買方之現金

(D)與交易有關之已發生或將發生之成本能可靠衡量　　　103 年身心障礙

6. 平均一年營業額高達新臺幣 9 億元的甲公司，其會計人員將新臺幣 900 元
　的電動削鉛筆機認列為營業費用，請問此作法最符合下列何項考量？

(A)行業特性

(B)成本與效益考量

(C)審慎

(D)重大性　　　　　　　　　　　　　　　　　　　　　102 年地特

7. 下列有關財務報表品質之忠實表達特性敘述，何者錯誤？

(A)不蓄意操縱財務資訊以達成特定的影響

(B)某項財務資訊之有無，會使投資人與債權人作成之決策有所差異

(C)財務資訊在描述經濟現象時沒有錯誤或遺漏，且其選擇與應用產生該財
　　務資訊之程序並無錯誤

(D)財務資訊包括了讓使用者了解所描述現象所需之所有資訊　102 年稅務

8. 下列何者非為財務報表之品質特性？

(A)攸關性

(B)可靠性

(C)可了解性

(D)一致性　　　　　　　　　　　　　　　　　　　　　102 年身心障礙

9. 運輸設備之續後評價未採用清算價值，主要係基於下列那一個假設？

　　(A)企業個體假設

　　(B)繼續經營假設

　　(C)會計期間假設

　　(D)幣值不變假設　　　　　　　　　　　　　　　　102 年初等

10.會計準則要求企業應於財務報表附註中揭露不動產、廠房及設備之折舊方
　　法，請問係基於下列那一項基本原則？

　　(A)審慎性

　　(B)可比性

　　(C)重大性

　　(D)完整性　　　　　　　　　　　　　　　　　　　101 年地特

11.企業每一會計年度結束時，必須對外發布正式的主要財務報表外，若有需
　　要可另外編製補充報表，此種處理方式係運用下列哪一項會計原則？

　　(A)一致性原則

　　(B)穩健原則

　　(C)充分揭露原則

　　(D)配合原則

12.根據一般公認會計處理原則 (GAAP)，企業活動必須將業主及企業的活動
　　加以區隔，此係根據下列哪一項假設？

　　(A)貨幣單位假設

　　(B)企業個體假設

　　(C)會計期間假設

　　(D)繼續經營假設

13.下列何者最能闡釋「穩健原則」的概念？

　　(A)使用重估價方式衡量不動產、廠房及設備之價值

　　(B)使用一種低列資產價值的方式

　　(C)使用「備抵法」認列當年度的壞帳費用

　　(D)運用「成本與淨變現價值孰低法」評價期末存貨

14.關於「繼續經營假設」的應用時機，下列何者不適合？

　　(A)企業剛開始經營時

(B)企業虧損時

(C)企業面臨經濟不景氣時

(D)企業清算時

15.企業在會計年度結束時，必須進行「調整」程序，主要乃遵循以下哪一項的會計慣例及原則？

(A)會計期間慣例，配合原則

(B)繼續經營慣例，一致性原則

(C)貨幣評價慣例，客觀性原則

(D)企業個體慣例，成本原則

16.根據下列哪一種會計假設，企業的交易事項紀錄必須以貨幣衡量者，方能入帳？

(A)繼續經營假設

(B)企業個體假設

(C)貨幣評價假設

(D)會計期間假設

17.當企業幫業主支付家中的水電費時，企業借記「業主提取」，是依據下列何種會計假設或原則？

(A)充分揭露原則

(B)企業個體假設

(C)繼續經營假設

(D)客觀性原則

18.企業於會計年度結束時必須編製財務報表,此係遵循下列哪一項會計假設？

(A)企業個體假設

(B)繼續經營假設

(C)會計期間假設

(D)貨幣評價慣例

19.高點網路科技公司於 2015 年 5 月 1 日購買辦公設備，當日即按購買成本 $600,000 入帳（其市價為 $750,000），且於 2015 年 12 月 31 日提列折舊費用。試問：購買與提列折舊時係分別依據下列哪一項會計原則？

(A)成本原則，配合原則。

(B)成本原則，穩健原則。

(C)重要性原則，配合原則

(D)重要性原則，穩健原則

20.關於「穩健原則」的應用，下列何者較為正確？

(A)無形資產提列攤銷

(B)提列產品保證費用

(C)提列呆帳損失

(D)存貨採「成本與淨變現價值孰低法」評價

21.極軒食品公司於 2015 年 3 月 6 日收到一批價值 $600,000 之食材訂單，且於當日完成交貨及盤點，故於 2015 年 3 月 6 日認列銷貨收入，此係遵循下列哪一項會計原則？

(A)配合原則

(B)收益實現原則

(C)充分揭露原則

(D)穩健原則

二、問答題

1.簡述以下名詞之意義：

　(1)配合原則

　(2)一致性原則

　(3)穩健原則

　(4)充分揭露原則

　(5)重要性原則

　(6)收益實現原則

　(7)成本原則

2.簡述以下的企業基本環境假設之意義：

　(1)企業個體假設

　(2)繼續經營假設

　(3)會計期間假設

　(4)貨幣評價慣例

第四章

認識財務報表

前　言

　　前面章節已介紹了會計如何提供有用的資訊，以協助提供企業攸關人士制訂最佳的決策。

　　大多數企業組織藉由財務報表的形式，以提供其內部與外部人士所需的會計資訊報導。換言之，這些財務報表透過扼要與淺顯易懂的方式，充分揭露企業組織的財務體質與經營績效，以及該企業所進行的融資、投資與營運活動的全貌。其中，四種必須正式對外發布的財務報表為：綜合損益表 (Statement of Profit and Loss and Other Comprehensive Income)、財務狀況表 (Statement of Financial Position)、業主權益變動表 (Statement of Changes in Owner's Equity)、現金流量表 (Statement of Cash Flows)。

　　本章將進一步說明這四張正式對外公開的財務報表之編製原理。

學習架構

■ 說明綜合損益表、財務狀況表、業主權益變動表及現金流量表的內容與報導的目標。

■ 探討並比較合夥與公司組織財務報表的差異。

4-1 財務報表的內容與報導的目標

企業每一年度必須編製並正式對外公布的四種主要財務報表 (Financial Statements) 包括：綜合損益表、財務狀況表、業主權益變動表及現金流量表，以下對這些報表做簡短的描述。

圖 4–1 以時間為基礎說明四張財務報表彼此間的關聯性。其中財務狀況表主要表達一個企業組織在某一特定時點的財務狀況，因此又被稱為「靜態報表」。另一方面，綜合損益表、業主權益變動表及現金流量表均為報導企業組織在某一段會計期間的財務績效，因此又被稱為「動態報表」。再者，由圖 4–1 得知，綜合損益表、業主權益變動表及現金流量表位於圖 4–1 的中間，涵蓋了財務狀況表自期初至期末為止這一段報導期間的所有收入、費用、業主權益、現金流入、現金流出之增減變動情況，並說明了一個企業組織的財務狀況如何由某一特定時點轉變成為另一特定時點的狀況。

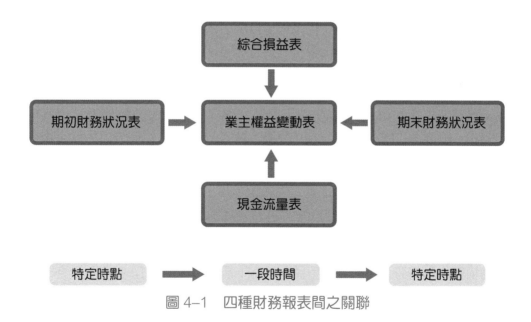

圖 4–1　四種財務報表間之關聯

通常財務報表的報導期間取決於報表編製者與使用者的需求而定。一般常見的報表編製期間為一年，即每年編製一次較為常見。但為順應市場的需

求，使報表所提供的資訊兼具及時性與時效性，目前許多企業也陸續提供了半年報、季報、月報，作為輔助性的財務資訊。

　　大多數的企業以一年為財務報表的報導期間，稱為會計年度 (Accounting Year, Fiscal Year)。其中大部分企業是以 1 月 1 日起至 12 月 31 日止為其會計年度，稱為曆年制 (Calendar Year)。然而，有些企業則以其銷售活動旺季過後的淡季期間作為其會計年度的切割期。如：美國知名的運動器材與服飾企業 Nike 便是一家典型的非曆年制公司，其會計年度終了日則選在每年的 5 月 31 日。

　　以下將逐一分別介紹四種財務報表的內容，並說明其編製之目的。

一、綜合損益表

　　綜合損益表 (Statement of Profit and Loss and Other Comprehensive Income) 主要表達企業在某一段期間內所賺取的收益減去其所發生的成本、費用及其所產生的結餘狀態。當企業在某會計期間內的總收益超過總費用，則稱該企業在某會計期間內產生本期「淨利」(Net Income)。相反地，當企業在某會計期間內的總費用超過總收益，則稱該企業在某會計期間內產生本期「淨損」(Net Loss)，或直接稱為「損失」(Loss)。

　　我國上市櫃公司自 2013 年起全面施行國際財務報導準則 (IFRS) 編製財務報表，除遵循「國際會計準則公報第 1 號 (IAS 1)」之規範外，另應遵循我國「財務會計準則公報第 1 號 (SFAS 1)」以及「證券發行人財務報告編製準則」對於財務報表表達方式之規定。按照 IAS 1 編製的綜合損益表內容規定「綜合損益」應包括「本期損益」以及「本期其他綜合損益」。換言之，IFRS 將過往表達於損益表的部分稱為「本期損益」，此外，直接列為權益表變動權益增減部分之「未實現損益」稱為「其他綜合損益」，並將兩者合計成為「綜合損益」。我國現行規定的架構與 IAS 1 的差異處為：我國區分屬於營業內與營業外損益等相關資訊，而 IAS 1 則未有此區分。獨資企業的綜合損益表形式如表 4–1 所示。

表 4-1　大中工作室的綜合損益表

大中工作室
綜合損益表
2015 年 1 月 1 日起至 12 月 31 日止

收益		
諮詢顧問收入	$1,000,800	
房租收入	200,000	
總收益		$1,200,800
費用		
房租費用	$　240,000	
薪資費用	582,000	
總費用		822,000
本期淨利		$　378,800

　　編製綜合損益表時必須注意綜合損益表的表首需涵蓋三項要件，缺一不可，亦即：企業名稱、報表名稱，以及報表所涵蓋的期間。會計期間的表達可反映企業在此期間內所賺取的盈餘是否足夠，並使該企業繼續營運生存下去。由表 4-1 中可瞭解大中工作室（獨資企業）在開張後正式營業的第一個會計年度中，所產生的重要營業收益與營業費用之項目，這些重要的資訊可協助閱讀報表的內部與外部人士使用者進一步瞭解企業的經營績效。

　　有關綜合損益表中相關的收益、費用之定義如下：

1. 收益 (Revenues)

　　收益是企業在正常的營業過程中，由於提供顧客該企業的產品或勞務，同時產生資產流入的交換。該項流入的資產可包括：現金、應收款項（應收帳款、應收票據）、土地、房屋與設備等具有未來經濟效益的資源。例如：表 4-1 顯示，大中工作室在 2015 年度由諮詢顧問與房租收入中，總共賺取了 $1,200,800 的總收益。

2.費用 (Expenses)

　　費用是企業在正常的營業過程中，為了創造收益而提供顧客產品或勞務，而付出的代價，故同時造成資產的流出與耗用。換言之，該項資產的流出主要是為創造收益而付出的代價。例如：表 4-1 顯示，大中工作室在 2015 年度總共支付了房租費用 $240,000，並且支付了 $582,000 作為員工的薪資費用。因此，使得大中工作室在 2015 年度總共產生了 $378,800 的淨利。

二、業主權益變動表

　　權益 (Equity) 代表業主對於企業所擁有的資產之請求權部分。業主權益變動表 (Statement of Changes in Owner's Equity) 主要表達企業在某一段期間內業主對該企業的資源請求權之增減變動情況。換言之，藉由期初業主權益的餘額，並調整以下造成業主權益變動的項目，例如：(1)業主權益的增加項目：如「業主增資」及「本期淨利」。(2)業主權益的減少項目：如「業主提取」及「本期淨損」。最後，由期末業主權益的餘額顯示業主在期末對於企業的資產之請求權的狀況。

　　表 4-2 顯示大中工作室在第一個營業年度之業主權益變動狀況，以及造成業主權益增減變動的事項。由表 4-2 顯示趙大中業主期初投資 $200,000 的資本，因 2015 年度產生了淨利 $378,800，促使趙大中業主的資本帳增加；此外，本年度該業主曾由企業提取了 $150,000 繳納個人的汽車貸款，因此，造成趙大中業主的資本帳減少了 $150,000，使得 2015 年度會計年度結束時趙大中業主的資本帳餘額為 $428,800。

表 4-2　大中工作室的業主權益變動表

大中工作室 業主權益變動表 2015 年 1 月 1 日起至 12 月 31 日止		
趙大中業主期初資本		$　　　0
加：業主增資	$200,000	

本期淨利	378,800	578,800
小計		$578,800
減：業主提取		(150,000)
趙大中業主期末資本		$428,800

三、財務狀況表

　　財務狀況表 (Statement of Financial Position) 主要在表達企業在某一特定時間點的財務狀況，該特定時點通常在月底、季末或年底，藉由財務狀況表可瞭解企業在此時點所擁有的資產、負債及權益類項目的內容與金額。因此，目前實施 IFRS 基礎下的財務狀況表 (Statement of Financial Position) 即為過去在一般公認會計原則 (GAAP) 基礎下所稱的資產負債表 (Balance Sheet)。表 4–3 顯示大中工作室在第一個營業年度的財務狀況表的內容，其中表首也必須陳列企業名稱、報表名稱以及報表所揭露的資產、負債、權益所表達的日期。換言之，財務狀況表中所列示的金額即表示企業在會計年度終了日所擁有的資產、負債及權益之衡量結果。

表 4–3　大中工作室的財務狀況表

大中工作室
財務狀況表
2015 年 12 月 31 日

資產		負債	
現金	$111,000	應付帳款	$120,000
應收帳款	85,000	總負債	$120,000
文具用品	24,800		
設備	328,000	**業主權益**	
		趙大中資本	$428,800
資產總額	$548,800	負債及業主權益總額	$548,800

　　表 4–3 顯示：大中工作室在 2015 年底總共擁有四種資產項目，即：現金、應收帳款、文具用品、設備，這些資產總金額為 $548,800，這些資源的來源一部分來自應付未付的帳款，在 2015 年底總共有 $120,000 的總負債；另一部分則來自業主權益，及業主趙大中資本投資 $428,800，在 2015 年底總共有 $428,800。根據會計恆等式的分析原理（資產＝負債＋業主權益），等式的左右兩邊的總金額必定相等，此項恆等的原理促使財務狀況表又被稱為「平衡表」(Balance Sheet)。意謂著在財務狀況表中，資產的來源必定等於負債及權益項目的加總，亦即等式的左方與右方的總金額必定達到平衡的境界。

　　有關財務狀況表中相關的資產、負債、權益類會計項目的定義如下：

1. 資產 (Assets)

　　誠如以上所述，資產為一企業所擁有的資源，企業運用其資產以從事生產或銷售等活動。一般資產常具有的特性是能夠提供未來經濟效益或服務之能力。站在企業的立場，此種潛在的服務能力或未來經濟效益最終將產生現金流入或收入。例如：類似 DHL 的快遞公司所擁有的貨車，便能從郵件運送服務中提供經濟效益，企業的其他資產諸如：土地、廠房、桌子、椅子、收銀機、現金、電腦、事務機等。

2. 負債 (Liabilities)

　　負債是企業在正常營業活動中所欠下且需於未來償還的債務或支付的義務，對於資產具有請求權。這些應付款項包括：

(1)企業向上游供應商購買原物料所欠下的貨款，此種應負的義務稱為「應付帳款」(Accounts Payable)。

(2)企業因資金調度或現金不足而向銀行取得貸款，因而開立「應付票據」(Note Payable) 作為抵押。

(3)企業因賒欠員工薪資而產生「應付薪資」(Salaries and Wages Payable) 的給付義務。

(4)企業應支付而尚未給付政府稅捐機關的「應付銷售稅」(Sales Taxes Payable) 或「應付不動產稅」(Real Estate Taxes Payable)。

　　企業須於未來償還債務或支付義務之個人或個體，稱為「債權人」(Creditors)。若企業未能如數償還到期的債務或應給付的義務，債權人有權利

到法院控告企業違約 (Default) 並強迫企業清算 (Liquidation)，接下來，企業必須進行資產拍賣，將拍賣所得首先清償債權人之債務，若有剩餘，才能分配給業主或股東。因此，在法律上，債權人對於企業資產的請求權順位乃是排在業主之前面。

3.權益 (Equity)

權益是對企業總資產的所有權 (Ownership) 之請求權，等於總資產減掉總負債後剩下的餘額。因此，在獨資與合夥的組織型態，業主權益又被稱為「剩餘的權益」(Residual Equity)，又稱為淨資產 (Net Assets)。然而，在公司的組織型態，則稱為「股東權益」(Stockholders' Equity 或 Shareholders' Equity)，主要是由「股本」(Share Capital) 與「保留盈餘」(Retained Earnings) 所構成。

圖 4–2 為業主權益的增減變動因素之分析。

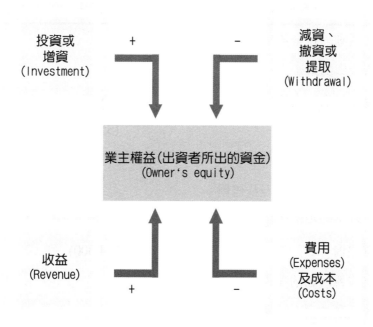

圖 4–2　業主權益的增減變動因素

關於資產、負債、權益、收入、費用所涵蓋的項目，將於後續章節深入介紹並說明之。

四、現金流量表

　　現金流量表 (Statement of Cash Flows) 主要說明企業在某一會計期間內，根據企業在正常營業過程所發生的營業活動、融資活動及投資活動中，加以衡量所產生的現金之流入與流出，以反映該企業的現金來源與現金運用之狀況。此外，現金流量表也揭露期初與期末的現金餘額，以進一步驗證該期間內現金的增減變動金額，是否與上述分析結果相吻合。企業必須審慎管理並控制現金的進出流量，以確使企業擁有足夠的現金以因應營業上的資金調度之需求，並確保企業得以永續的生存與發展。

表 4–4　大中工作室的現金流量表

大中工作室 現金流量表 2015 年 1 月 1 日起至 12 月 31 日止		
來自營業活動的現金流量：		
由銷貨所收取的現金	$ 678,500	
現金支付供應商的貨款	(168,000)	
現金支付房租	(55,000)	
現金支付員工的薪資	(200,500)	
來自營業活動的淨現金流量		$ 255,000
來自投資活動的現金流量：		
購買設備	$(194,000)	
來自投資活動的淨現金流量		(194,000)
來自融資活動的現金流量：		
業主投資	$ 200,000	
業主提取	(150,000)	
來自融資活動的淨現金流量		$ 50,000

現金淨增加	$ 111,000
期初的現金餘額，2015 年 1 月 1 日	0
期末的現金餘額，2015 年 12 月 31 日	$ 111,000

　　由表 4–4 可將現金的淨增減變動原因分為三部分：第一部分顯示來自營業活動產生現金的淨增加為 $255,000，主要由銷貨收入所增加的現金流入 $678,500 減掉因支付供應商貨款、支付房租費用、支付員工薪資共產生現金流出 $423,500。第二部分顯示來自投資活動產生現金淨流出 $194,000，主要是因購買設備而造成現金的減少。第三部分顯示來自融資活動產生現金淨流入 $50,000，主要包括趙大中業主的投資及撤資項目。

4–2 合夥及公司組織財務報表之差異

　　基本上，在獨資、合夥、公司的企業組織型態中，上述四張財務報表對於這三種不同的企業組織而言，除了在財務狀況表中「權益」項的表達方式不同之外，其餘的部分在揭露的形式上大致均呈現相同的面貌。

　　其中獨資企業在其財務狀況表中「權益」項的表達方式，誠如以上表 4–2 的業主權益變動表所表達趙大中業主的資本在 2015 年 12 月 31 日的餘額狀況。若趙大中與孫至正共同成立「大正合夥商行」，而合夥企業在其財務狀況表中「權益」項的表達方式亦採相同的形式，亦即分別列示每一位業主的期末資本帳餘額，如表 4–5 所示。

表 4–5　大正合夥商行的部分財務狀況表

大正合夥商行 部分財務狀況表 2015 年 12 月 31 日	
合夥人權益：	
趙大中資本	$214,400

孫至正資本	214,400
合夥人權益總額	$428,800

　　然而，公司組織的財務狀況表中並無法一一列出每一位股東的期末資本餘額。因此，公司組織的權益部分便將屬於全體股東的總權益分成「投入股本」(Contributed Capital, 或 Paid–In Capital) 與「保留盈餘」(Retained Earnings) 兩個部分。其中投入股本主要表示股東的投資金額，而保留盈餘則表示公司自開始營業起歷年來所累積的淨利，尚未以股利分配予股東之淨利總額。若趙大中業主獨自成立了大中公司，且為該公司的唯一股東，則趙大中業主所出資的 $200,000 便以公司所發行的普通股表示，該大中公司的資產負債表中有關股東權益的揭露方式如表 4–6 所示。

表 4–6　大中公司的部分財務狀況表

	大中公司 部分財務狀況表 2002 年 12 月 31 日
股東權益：	
投入股本	
普通股	$200,000
保留盈餘	228,800
股東權益總額	$428,800

　　表 4–6 大中公司的保留盈餘餘額為 $228,800，係由本期淨利 $378,800 減掉發放給股東的股利 $150,000，故真正保留下來供後續年度投資使用的餘額僅剩下 $228,800。

　　當獨資或合夥企業的業主由獨資或合夥事業提領現金或其他資產供其個人使用時，此種分配稱為「提取」或「撤資」。同理，當公司的股東亦由公司

中提領現金或其他資產供其個人使用時，此種提取或撤資應視為公司支付予股東的「股利」(Dividends)。由於「提取」或「股利」均非為創造收入所產生的費用，故均不應被視為企業的費用，因此不應該列示在綜合損益表中。換言之，業主提取項目既非企業的費用，亦非企業支付予業主的薪資費用，故不應在綜合損益表中揭露。但是，由於公司在法律上是具有獨立的法律個體，所以公司支付予經理人的款項應視為薪資費用，故應於綜合損益表中列示。

練習題 ▶

一、選擇題

1. 下列敘述何者錯誤？
   (A)財務報表應以應計基礎編製
   (B)財務報表應提供使用者作成經濟決策所須之所有資訊
   (C)財務報表可顯示管理階層對股東所提供資源之會計責任
   (D)財務報表應具備之品質特性包含：可了解性、攸關性、可靠性及可比性
   　　　　　　　　　　　　　　　　　　　　　　　　　　　　103 年地特

2. 甲公司 2016 年 1 月 1 日決定處分一單獨主要業務單位，此單位於 2016 年 5 月 1 日出售。若 2016 年至 5 月 1 日止該單位營業淨利為 \$38,000，出售資產之帳面金額為 \$647,000，售價為 \$515,000；不考慮所得稅，試問甲公司 2016 年度綜合損益表應如何表達？
   (A)在繼續營業單位中單獨列示營業淨利 \$38,000，處分損失 \$132,000
   (B)在繼續營業單位中列示營業淨利 \$38,000，停業單位損益下列示停業單位處分損失 \$132,000
   (C)在停業單位損益下分別列示營業淨利 \$38,000，處分損失 \$94,000
   (D)在停業單位損益下列示停業單位損失 \$94,000　　　　　　104 年高考

3. 下列關於「綜合損益表」的說明何者正確？
   (A)企業應將一段期間認列之所有收益及費損項目表達於「單一」綜合損益表，但不得表達於「兩張」報表（一張列示損益之組成項目；另一張自損益開始並列示其他綜合損益的組成部分）。此外，如有必要，應將相關收益或費損表達為「非常項目」
   (B)企業應將一段期間認列之所有收益及費損項目表達於「單一」綜合損益表，或表達於「兩張」報表（一張列示損益之組成項目；另一張自損益開始並列示其他綜合損益的組成部分）。此外，如有必要，應將相關收益或費損表達為「非常項目」
   (C)企業應將一段期間認列之所有收益及費損項目表達於「單一」綜合損益表，但不得表達於「兩張」報表（一張列示損益之組成項目；另一張自

損益開始並列示其他綜合損益的組成部分)。此外，不得將任何收益及費損表達為「非常項目」

(D)企業應將一段期間認列之所有收益及費損項目表達於「單一」綜合損益表，或表達於「兩張」報表 (一張列示損益之組成項目；另一張自損益開始並列示其他綜合損益的組成部分)。此外，不得將任何收益及費損表達為「非常項目」　　104 年身心障礙

4.下列項目在綜合損益表之表達，何者最為正確？

(A)折舊費用均應列在管理費用項下

(B)銷貨成本是費損之一

(C)呆帳費用應列在非常損益項下

(D)業務員佣金應列在管理費用項下　　104 年初等

5.下列何者不會出現在綜合損益表中？

(A)前期損益調整

(B)停業單位的損益

(C)資產重估增值

(D)備供出售金融資產未實現評價損益　　102 年高考

6.甲公司 X1 年底應收加工收入為 $7,000，預收加工收入為 $21,000。X2 年底應收加工收入為 $12,000，預收加工收入為 $15,000。甲公司在 X2 年總共收到加工收入的現金 $146,000，試問甲公司 X2 年綜合損益表上，加工收入為多少？

(A) $135,000

(B) $145,000

(C) $147,000

(D) $157,000　　104 年普考

7.下列關於財務報表之敘述何者正確？

(A)綜合損益表是由本期損益及其他綜合損益所組成

(B)負債必須列示於股東權益之後

(C)負債必須先列示流動負債，然後列示非流動負債

(D)分類財務狀況表中的資產，必須先列示非流動資產，然後列示流動資產

8.下列何者為單獨損益表不得列示之項目？　　　　　　　　　102 年稅務

　(A)非常損益

　(B)停業部門損益

　(C)繼續營業部門損益

　(D)備供出售金融資產之處分損益　　　　　　　　　　　103 年調查人員

9.甲牧場 X1 年底於市場購入乳牛 10 頭圈養於牧場以供未來生產牛乳。每頭

　乳牛之公允價值為 $8,000，該牧場並另支付運費 $5,000 將該批乳牛由市場

　運至牧場間。該牧場估計若同日立即處分該批乳牛，除需支付運費 $5,000

　將其運回市場外，並需支付佣金等出售成本 $3,000。關於該批乳牛，甲牧

　場應列報於 X1 年資產負債表之衡量金額為：

　(A) $72,000

　(B) $77,000

　(C) $80,000

　(D) $85,000　　　　　　　　　　　　　　　　　　　　　103 年高考

10.下列敘述何者正確？

　(A)為提供更精確之財務報表，財務報表應以元為表達金額之單位

　(B)企業發放給股東之現金股利，應列示於綜合損益表之股利費用

　(C)企業預期於報導期間後十二個月內清償的負債，應列示為非流動負債

　(D)單獨損益表分類銷貨成本與管理費用等為費用功能別法之表達方式

　　　　　　　　　　　　　　　　　　　　　　　　　　　103 年初等

二、問答題

1.下列會計項目為合江汽車公司財務報表中截取出來的部分科目，請判斷每

　一個會計項目應歸屬於財務狀況表 (BS) 或綜合損益表 (IS)？

　(1)營業費用

　(2)存貨

　(3)應付所得稅

　(4)銷貨收入

　(5)長期投資

(6)流通在外有價證券

(7)勘查費用

(8)應付票據

(9)約當現金

(10)應付公司債

(11)銷售費用

(12)應收票據

(13)辦公設備

(14)應付帳款

(15)預付所得稅

2. 指出下列每一個項目應歸屬於哪一個財務報表：綜合損益表 (IS)、財務狀況表 (BS)、業主權益變動表 (OE) 或現金流量表 (CF)。

(1)資產

(2)收益

(3)權益

(4)負債

(5)業主提取

(6)成本和費用

(7)總負債和權益

(8)來自營業活動的現金

(9)現金的淨減少（或增加）

3. 指出下列的科目應歸屬於哪一個財務報表：綜合損益表 (IS)、財務狀況表 (BS)、業主權益變動表 (OE)、現金流量表 (CF)。

(1)辦公設備

(2)服務收入

(3)應付利息

(4)應收帳款

(5)薪資費用

(6)設備

(7)預付保險費

(8)建築物

(9)利息收入

(10)業主提取

4.指出下列每一項活動應歸屬於現金流量表的： A.營運活動； B.投資活動； C.理財活動。

(1)收到業主投資的現金

(2)用現金購買土地

(3)因提供服務獲得現金

(4)用現金支付費用

5.下列為美嘉公司於 2015 年 12 月 31 日由會計分錄中選取的項目,請判斷哪一些項目應歸屬於財務狀況表?

(1)公共費用

(2)已賺得的服務費

(3)用品

(4)薪資費用

(5)應付帳款

(6)現金

(7)用品費用

(8)土地

(9)黃先生資本

(10)應付薪資

6.以下為四家不同的獨資企業在財務狀況表與綜合損益表的部分資訊摘要, 其中有部分遺漏的金額, 請計算遺漏的金額應為多少。

	黑龍江企業	黃河企業	明潭企業	黃山企業
期初 (1/1)				
資產	$14,400,000	$3,000,000	$2,400,000	(4)
負債	8,640,000	1,560,000	1,824,000	$3,600,000
期末 (12/31)				

資產	17,880,000	4,200,000	2,160,000	7,440,000
負債	7,800,000	1,320,000	1,920,000	4,080,000
當年度 (1/1～12/31)				
額外的投資	(1)	600,000	240,000	1,200,000
提取	960,000	192,000	(3)	1,800,000
收益	4,746,000	(2)	2,760,000	3,360,000
費用	2,592,000	768,000	2,940,000	3,840,000

7.長江企業於 2015 年 8 月份及 9 月份的部分財務資訊如下:

	8 月 31 日	9 月 30 日
應付帳款	$ 92,400	$ 99,600
應收帳款	204,000	234,720
黃大中資本	?	?
現金	360,000	612,000
用品	18,000	14,400

⑴編製長江企業 2015 年 8 月 31 日及 9 月 30 日的財務狀況表。

⑵若業主在當月份沒有任何額外的投資與提取,請問 9 月份的淨利為多少?

⑶假設業主在當月份沒有任何額外的投資, 但卻提取了 $1,800,000, 請問 9 月份的淨利為多少?

8.以下為慧訊公司於 2015 年 12 月 31 日的部分財務資訊:

收益 $1,320,000; 成本與費用 $960,000; 淨利 $360,000。試編製慧訊公司 2015 年度的綜合損益表。

9.以下為時代公司於 2015 年 12 月 31 日的部分財務資訊:

負債 $1,056,000; 權益 $1,104,000; 資產 $2,160,000。試編製時代公司在 2015 年度的財務狀況表。

10.下列為卓飛公司在 2015 年 12 月 31 日的部分財務資訊:

業主權益 (2015/12/31)	$336,000	業主提取	$ 24,000
淨利	192,000	業主權益 (2014/12/31)	168,000

試編製卓飛公司 2015 年全年的業主權益變動表。

11.明全公司於 2015 年 6 月 30 日有關業主權益變動的財務資訊如下:

6 月份的淨利	$2,190,000
6 月份周曉明先生的提取	360,000
2015 年 6 月 1 日周曉明先生的資本	4,380,000

試編製明全公司 2015 年 6 月 30 日的業主權益變動表。

12. 通聯服務公司設立於 2015 年 4 月 1 日,該公司於 4 月份的收入及費用的摘要資訊如下:

服務收入	$3,979,200
薪資費用	1,716,000
雜項費用	54,000
租金費用	600,000
用品費用	78,000

試編製通聯服務公司 2015 年 4 月份的綜合損益表。

13. 蕭永祥先生於 2015 年 2 月 1 日創立並獨自經營蕭氏企業,下列為蕭氏企業營運兩個月後的財務報表,由於蕭永祥先生不諳會計處理致使下列財務報表產生一些錯誤。

試為蕭氏企業編製正確的綜合損益表、財務狀況表及業主權益變動表。

蕭氏企業
綜合損益表
2015 年 3 月 31 日

銷售佣金		$890,400
營運費用		
薪資費用	$555,600	
租賃費用	187,200	
汽車費用	42,000	
雜項費用	13,200	
用品費用	5,400	
總營運費用		803,400

淨利	$327,000

蕭氏企業
業主權益變動表
2015 年 3 月 31 日

蕭永祥資本，2015 年 2 月 1 日	$178,800
減：三月份提取	24,000
	$154,800
三月份額外的投資	36,000
	$190,800
本月淨利	327,000
蕭永祥資本，2015 年 3 月 31 日	$517,800

財務狀況表
2015 年 3 月 31 日

資產		負債	
現金	$ 56,400	應收帳款	$244,800
應付帳款	55,200	用品	31,800
		業主權益	
		蕭永祥資本	517,800
總資產	$111,600	總負債和業主權益	$794,400

14. 太平旅行社 2016 年 1 月 1 日之資產總額為 $100,000，負債總額為 $30,000。6 月底時，其負債總額為 $50,000，權益為 $80,000。1 至 6 月份，該社的費用共為 $80,000，另外業主曾提取現金 $12,000。試根據上述資料：

　(1)編製太平旅行社 2016 年上半年之權益變動表

　⑵計算 1 至 6 月份之收入

　⑶求 6 月底資產總額

15.依據下列資料，為諾蘭商行編製 2016 年底資產負債表。

現金	$ 4,000	應收帳款	$13,000
商品存貨	20,000	應付所得稅	15,000
應付帳款	7,000	資本	15,000

16.下列資料屬於 2016 年大葉商行，試編製損益表、權益變動表及資產負債表。

應收帳款	$10,000	銷貨收入	$80,000
資本（2016 年初）	17,000	應付租金	3,000
銷貨成本	50,000	租金費用	5,000
商品存貨	14,000	提取	10,000
應付帳款	15,000	修繕費	4,000
薪資費用	5,000	現金	17,000

　註：銷貨成本可與費用科目歸併為一類，以編製損益表。

17.陳啟成建築師事務所 2015 年及 2016 年年底之資產及負債情形如下：

	2015 年 12 月 31 日	2016 年 12 月 31 日
現金	$18,000	$ 6,000
應收帳款	60,000	90,000
用品盤存	4,000	7,000
辦公設備	40,000	60,000
土地	–	80,000
房屋	–	220,000
應付帳款	10,000	25,000
應付抵押借款	–	200,000

2016 年度該事務所營業情況極為良好，陳建築師每月皆由事務所中提取 $4,000 自用，同年陳建築師增加投資現金 $80,000。

試作：

⑴該事務所 2015 年及 2016 年底之資產負債表

⑵計算 2016 年度之淨利

18. 羅賓商店 2016 年 12 月 31 日所有結帳分錄均過帳後，其業主資本、業主提取及本期損益等三帳戶之內容如下列 T 字帳所示：

陳羅賓資本

12/31	10,500	1/1	36,000
		12/31	21,000
		餘　額	46,500

陳羅賓提取

4/1	3,000	12/31	10,500
7/1	3,500		
10/1	4,000		
餘　額	0		

本期損益

12/31	43,000	12/31	64,000
12/31	21,000		
餘　額	0		

試編製羅賓商店 2016 年度之權益變動表。

第五章

會計項目、借貸法則與複式簿記原理

前　言

　　本章主要針對企業在正常的營業活動過程中，當發生交易或事項時，所應採取的基本會計處理程序，並介紹其入帳的基礎——原始憑證的種類。此外，透過會計項目及帳戶圖的瞭解，可對每一交易事項應採用的名稱，產生統一的處理方式。最後，運用借貸法則及複式簿記原理，以促使會計處理過程中實際的帳務處理方式，產生一致性的遵循原則。

學習架構

■ 瞭解交易的概念以及原始憑證的種類。

■ 介紹會計項目之定義與意涵。

■ 說明借貸法則之意義。

■ 說明複式簿記之原理與其應用。

5-1 交易及原始憑證

一、會計流程：會計處理之步驟

一般企業的會計處理流程 (The Accounting Process) 包含：

1. 運用「借貸法則」及「複式簿記原理」，在日記簿 (General Journal) 上「作分錄」(**Journalizing**)。

2. 將日記簿上的分錄「**過帳**」(**Posting**) 至個別會計項目的分類帳 (Ledger)。

3. 將個別會計項目的分類帳上餘額加以彙總得到「**正常餘額**」。

4. 根據總分類帳上的各會計項目的正常餘額，編製「**試算表**」(**Trial Balance**)。

茲將以上會計處理流程，透過下列七個步驟詳細說明如下。

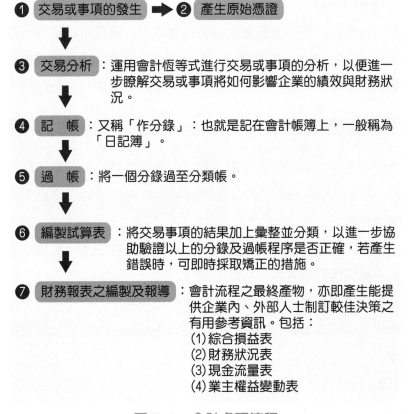

圖 5-1　會計處理流程

二、交易或事件：描述企業所發生的活動

1.交易 (Transaction)

⑴外部交易事項 (External Transaction)

藉由兩個獨立的企業個體之經濟性交易事項的發生，而造成會計恆等式之變動，因此，一般會有原始憑證 (Source Documents) 的產生。

⑵內部交易事項 (Internal Transaction)

指企業個體內部之交易或調整，由於沒有與外部產生互動的關聯，因此**沒有**原始憑證的產生；但**仍有可能**會造成會計恆等式產生變動。

例如：當企業在營業活動過程中使用了文具用品 (Supplies)，即文具用品被耗用掉時，其「已耗用成本」的部分因已不再具有未來的經濟效益，因此必須被轉列成為「費用」。（可透過「調整」的程序達到，有關調整的會計處理方法，將於後續章節詳細說明。）

2.事件 (Events)

該事項的發生，不僅會影響企業的財務狀況，而且可以貨幣可靠地衡量之。例如：「財務性事件」係指將造成某類資產、負債的市場價值變動；或因天災（洪水、水患、火災）而造成企業的資產毀損或產生其他的損失。

三、原始憑證或企業文件 (Business Papers) 之種類

在會計流程中，主要作為確認並描述企業發生某交易或事項之入帳基礎（依據）。換言之，該原始憑證為會計資訊之源流，可以「書面」或「電子檔」的形式存在。

此外，若因外部交易而產生的原始憑證，則這些憑證可對該交易或事項的事實及金額提供更為客觀及可靠的證據。

企業在交易過程中，一般常見的原始憑證包括：

1.銷貨傳票 (Sales Tickets) 或銷貨發票 (Sales Invoices)：可作為買賣雙方入帳的依據。

2.支票 (Checks)。

3.訂購單 (Purchase Orders) 或請購單。

4.顧客催帳單 (Charges to Customers)。

5.應付供應商帳款 (Bills from Suppliers)。

6.員工薪資記錄 (Employee Earnings Records)。

7.銀行對帳單 (Bank Statement)。

5-2 會計項目的內容

一、會計項目或帳戶

用以記載某一特定資產、負債、業主權益、收入或費用項目的增加或減少之個別的會計記錄，每一資產、負債、業主權益、收入、費用的項目均有其獨立的帳戶或會計項目名稱。所有的帳戶均記載於「分類帳」(Ledger) 中。例如：現金 (Cash)、應收帳款 (Accounts Receivable)、用品 (Supply)、設備 (Equipment)、應付帳款 (Accounts Payable)、勞務收入 (Service Revenue)、薪資費用 (Salaries and Wages Expense) 等。

有關此會計項目的相關訊息均由該帳戶的分類帳中取得，以便於日後編製財務報表之需。因此，**總分類帳 (General Ledger)** 是企業所有**會計項目的集合**，即一般俗稱的**會計帳簿 (Books)**。茲說明現金項目的總分類帳如下表所示。

		現金			101
日期		摘要	過帳備註	借方	貸方	餘額
2015 年						
10 月　1 日			G1	300,000		300,000

尤其在當今電腦已十分普及的時代，許多公司行號已紛紛採用電腦記帳，日漸取代人工簿記的方式，以增進交易處理的效率。

以下首先介紹一般企業常見的會計項目名稱之定義，再介紹借貸法則，

以逐步瞭解基本的會計處理程序。

1.資產類會計項目

企業所擁有或控制之具有未來經濟效益的資源。

(1)現金 (Cash)

包含當地通用的貨幣及銀行願意接受的存款（硬幣、紙鈔、支票、匯票、銀行存款、定存單）等其他交易媒介。

「現金」帳戶即用以表達上述現金的增加、減少及其餘額的狀況。

(2)應收帳款 (Accounts Receivable)

企業在正常的營運過程中，因出售商品或提供勞務，即賒銷 (Credit Sales, Sales on Account) 的情況下，取得買方同意的未來支付某特定款項之口頭承諾。對賣方而言，該項「對買方的款項請求權」稱為「應收帳款」。會計處理上，當發生賒銷時，應收帳款便增加；當顧客還款時，應收帳款便減少。

對於每一位不同的欠款顧客，企業應有必要分別針對每一顧客設立一個單獨的「應收帳款明細帳」，以便針對不同顧客的信用狀況，分別寄發帳單予以催收與記錄，或作為日後決定是否繼續給予賒欠或制訂授信政策之參考依據。

至於應收帳款佔總資產的比率及其對企業的重要性，將視每一企業的不同營業型態而定。

(3)應收票據 (Notes Receivable)

企業在正常的營運過程中，因出售商品或提供勞務，而收到顧客承諾將在未來某特定日期，前來交付特定款項之白紙黑字的書面憑證 (Written Promise)。對賣方而言，該項應收款項的請求權稱為「應收票據」。

會計處理上，當收到顧客交來的本票 (Promissory Note) 等書面憑證時，企業的應收票據便增加；當票據到期、顧客還款時，企業的應收票據便減少。

(4)預付費用 (Prepaid Expense)

代表未來某一段期間內，企業在某項費用的預先支付，因具有未來的使用價值，故應歸屬於「資產」的性質。典型的預付費用包括：(1)預付保險費 (Prepaid Insurance)；(2)預付房租 (Prepaid Rent)；(3)預付會員服務費 (Prepaid Services) 等。

　　預付費用將隨著時間的經過而耗用掉（如：預付租金），或隨著使用的過程（如：預付餐券）而減少其價值。未來當費用已實際耗用掉或已發生時，則該項「預付費用」便應透過調整的程序轉列為「當期的費用」。因此，在會計年度終了（即期末）編製財務報表以前，會計人員必須將上述已耗用或已使用的部分轉列為「當期費用」；其餘未耗用或未使用的部分則仍繼續保留在「資產」項（以反映其仍具有未來經濟效益之事實）。

　　但仍有例外的處理情況：若預付費用將在會計年度結束前全數被耗用掉，則該項預付費用便可立即作為「當期費用」認列。

　　例如：

◆某企業在 12 月 1 日預付一個月的房租 $1,000，則 12 月 1 日預付未來一個月的房租時，應記：「預付房租」(Prepaid Rent)，該項預付房租屬於「資產」類的會計項目。到了 12 月 31 日則應將已享受一個月房屋使用的部分轉列為「房租費用」(Rent Expense)，房租費用則屬於「費用」類的會計項目。

◆某企業在 12 月 1 日預付三個月的保險費 $4,500，則 12 月 1 日預付未來三個月的保險費時，應記：「預付保險費」(Prepaid Insurance)，屬於「資產」類的會計項目。到了 12 月 31 日則應將已享受保險公司提供一個月的保障的部分轉列為「保險費用」(Insurance Expense)，該項保險費用屬於「費用」類的會計項目。其餘兩個月未耗用的部分，仍舊屬於「預付保險費」之資產性質。

⑸辦公用品 (Office Supplies)

　　指企業在正常營業過程中，因辦公所需而購置的文具用品、電腦報表紙、橡皮擦、鉛筆等耗材。

　　這些資源在買入而未耗用掉以前因仍具未來的使用價值，故應認列為「資產」項，記為「辦公用品」(Office Supplies) 或「用品」(Supplies)。俟其耗用掉後，其已耗用的成本部分便應透過調整的程序，由「用品」資產轉列為「用品費用」(Supplies Expense)；而尚未耗用的部分仍舊記為「辦公用品」或「用品」。

⑹倉儲用品 (Store Supplies)

許多商店為了提供顧客更佳的包裝服務，因而購入一些塑膠袋、紙袋、禮盒、紙箱等。這些未耗用的用品之成本，在買入尚未耗用掉時，因具有未來的經濟效益，故應記為「倉儲用品」(Store Supplies)，屬「資產」性質。

俟其耗用掉後，其已耗用的成本部分，便應透過調整的程序，由「倉儲用品」(Store Supplies) 資產項轉列為「用品費用」(Supplies Expense)。

(7)設備 (Equipment)

大多企業擁有一些冷氣、電腦、印表機、桌子、椅子等辦公用的設備。所有購置這些設備而花費的成本，在購入時應記為「辦公設備」(Office Equipment)。

若為倉儲之需而購置一些倉儲用的設備，如：計算機、陳列櫃、堆高機、起重機、收銀機等，則應在購入時，按購買成本認列為「倉儲設備」(Store Equipment)。

未來隨著時間的經過，再透過調整的程序，將該隨著時間經過已耗用的成本予以有系統地分攤並轉列為「折舊費用」(Depreciation Expense)。

(8)房屋 (Building)

企業所擁有的建築物，能提供做為商店、辦公室、倉庫或廠房之用途，因具有未來的經濟效益，故記為「資產」項。

若企業同時擁有許多棟房屋，通常每一棟房屋應分別設置一獨立的會計項目，以利日後分別將該隨著時間經過已耗用的成本予以有系統地分攤並提列「折舊費用」。

(9)土地 (Land)

企業購買土地的成本，記入「土地」帳戶。因「土地」的壽命無限，故通常與有限使用壽命的「房屋」予以分開列示。因此，土地並不提列折舊費用。

2.負債類會計項目

負債為企業在正常的營運過程中所產生的未來應支付的義務 (Obligation)，亦即將來必須透過移轉資產或交付商品、提供勞務的形式交付予其他企業個體或個人，以作為未來償付義務的工具。其中常見的「負債」類的會計項目包含：

⑴應付帳款 (Accounts Payable)

企業在正常的營運過程中，因購買商品存貨、用品、設備或享受他人提供的勞務，而以口頭承諾將於未來履行某款項的支付義務，稱為「應付款項」(Payable)。

在會計處理上，對於上述各項不同原因而產生的未來應給付的義務，應分別設立單獨的應付款項的會計項目，例如：應付帳款 (Accounts Payable)、應付薪資 (Wages Payable)、應付利息 (Interest Payable)、應付房租 (Rent Payable) 等。本章為使交易事項單純化，暫以「應付帳款」(Accounts Payable) 項目統籌處理之。

⑵應付票據 (Notes Payable)

企業在正常的營運過程中，因購買商品存貨、用品、設備或享受他人提供的勞務，而產生未來履行某款項的支付義務；當一企業正式簽發一張承諾於未來支付某特定款項的本票等白紙黑字的書面憑證時，便構成「應付票據」的產生。

其中又視該票據在未來到期期限的長短，再進一步區分為「短期應付票據」及「長期應付票據」，通常以一年或一個營業循環 (Operating Cycle) 作為區分長、短期之標準。

⑶預收收益 (Unearned Revenue)

前一章在收入認定原則中曾提到：收入必須在企業已賺取的時點方可認列。此項收入認定的原則意謂著：當收入尚未賺取的時點前，若顧客便已預先支付商品或勞務的款項，由於企業完全善盡其對於顧客應提供的商品或應提供的勞務之義務，則賣方不應馬上認定該項收入已經實現，而應將此筆預先收取的款項記為「預收收益」(Unearned Revenues)。因此，預收收益屬於「負債」類性質的會計項目。

將來當企業已交付商品或提供勞務予顧客之後，該項收益的賺取方可認定已完全實現，即收入已賺到，因此，收入才可予以認列並正式入帳。

一般常見的「預收收益」項目包括：

◆出版商預先收取未來一段期間的雜誌或書籍的訂購費：當出版商預收一筆訂購款項時，應先記為「預收訂購收益」(Unearned Subscriptions)，此項會

計項目屬「負債」性質。將來隨著雜誌或書籍陸續出版並交付顧客後，才可將已交付部分認定為收入已實現。會計處理上應透過調整的程序，將「預收訂購收益」沖銷，轉列為「訂購收入」(Subscription Fees)，此項訂購收入項目才是真正屬於「收入」性質。

◆ 百貨業者或禮品公司出售禮券時，通常會預先收取未來一段期間可用以購買該公司產品的禮券款項：當業者預收顧客一筆禮券款項時，應先記為「預收銷貨收益」(Unearned Store Sales)，此項會計項目屬於「負債」性質。將來隨著顧客持禮券前來兌換商品後，才可將已兌換部分認定為收入已經實現。會計處理上應透過調整的程序，將「預收銷貨收益」沖銷，轉列為「銷貨收入」(Store Sales)，此項會計項目才是真正屬於「收入」的性質。

◆ 遇球賽時期，通常職業球隊會先出售當季的一批門票，並預先收取門票款項：當球隊在預收一筆訂購門票的款項時，應先記為「預收門票收益」(Unearned Ticket Revenue)，此項會計項目屬於「負債」的性質。將來隨著球隊的逐場表演過後，才可將已舉辦球賽的場次認定為收入已經實現。會計處理上應透過調整的程序，將「預收門票收益」沖銷，轉列為「門票收入」(Ticket Sales)，此項會計項目才是真正屬於「收入」的性質。

⑷應計負債 (Accrued Liabilities)

　　企業應該付而尚未支付的義務，將來必須以企業的資產或產生新的其他負債（負債的展延），作為清償的工具。

　　一般企業常見的應計負債包括：應付薪資 (Wages Payable)、應付稅捐 (Taxes Payable)、應付利息 (Interest Payable) 等。

3.業主權益類會計項目

　　前一章曾提到造成業主權益變動的交易事項主要有四類，包括：

⑴業主投資（或增資）：記為業主資本 (Owner's Capital)。

⑵業主提取（或撤資）：記為業主提取 (Owner's Withdrawals)。

⑶收入類交易：記為收入 (Revenues)。

⑷費用類交易：記為費用 (Expenses)。

⑴業主資本 (Owner's Capital)

　　當個人投資資金或其他資源於某一獨資或合夥企業時，此業主對於企業

的資產便擁有請求權 (Claims)，該項投資的金額便以該業主的名義記為該業主在此獨資或合夥企業的資本增加。例如：趙大中資本 (T.J. Chiao, Capital)。

　　將來趙大中業主若再度增加投資，並貢獻個人的資金或其他資源於此獨資或合夥企業時，則表示該業主對此獨資或合夥企業的資產請求權又再度增加，故增加趙大中資本 (T.J. Chiao, Capital) 會計項目的帳戶金額。

⑵業主提取 (Owner's Withdrawals)

　　當業主由該獨資或合夥企業提取資金用以支付其私人的開銷（如：支付家裡的水電費或繳納個人的交通違規罰單）時，則此筆由企業提取的款項便造成企業的「資產減少」，而且業主在此獨資或合夥企業的資產請求權亦因而減少。

　　由於業主在法律上對其獨資或合夥企業負有連帶無限的清償責任，因此業主與企業兩者如同生命共同體般的唇齒相依，故業主由獨資或合夥企業提取款項並不能算是獨資或合夥企業支付予此業主的薪資費用；換言之，業主提取既非屬於業主個人的薪資收入，亦非屬於企業的費用；在本質上僅僅屬於業主減少其在企業的投資性質,故業主對該企業的資產請求權便因而減少，故應認定為「撤資」。

　　因此，針對業主由獨資或合夥企業減少投資的交易事項，應另設置一會計項目表達業主撤資的事實，例如：趙大中提取（撤資）(T.J. Chiao, Withdrawals)。

⑶收入 (Revenues)

　　企業在正常的營運過程中，因銷售商品或提供勞務，而產生企業的資源增加，或對顧客產生一項應收款項的請求權,因而創造未來資源價值的提昇。因此，當企業賺取收益時，會進一步增加業主權益的帳面價值。

　　不同的企業因其業務型態的不同，將會產生不同「收益」類項目，例如：

◆銷貨收入 (Sales) 或 (Sales Revenue)

◆佣金收入 (Commissions Earned)

◆專業公費收入 (Professional Fees Earned)

◆房租收入 (Rental Revenue)

◆利息收入 (Interest Earned)

◆諮詢服務收入 (Consulting Revenue)

⑷費用 (Expenses)

　　企業在正常的營運過程中，為了銷售商品或提供勞務而必須支付的代價或犧牲，造成企業的資源減少或對顧客產生一項應付款項的支付，因而使得企業未來資源價值的減少。因此，當企業產生費用時，會進一步減少業主權益的帳面價值。

　　不同的企業因其業務型態的不同，因而產生不同的「費用」項目，例如：

◆廣告費用 (Advertising Expense)

◆倉儲用品費用 (Store Supplies Expense)

◆辦公人員薪資費用 (Office Salaries Expense)

◆辦公用品費用 (Office Supplies Expense)

◆房租費用 (Rent Expense)

◆水電費用 (Utilities Expense)

◆保險費用 (Insurance Expense)

　　透過以下會計恆等式的表達，可以更為瞭解上述四項內容對於業主權益的增減變動所產生的影響。

＋業主資本－業主提取＋收入類－費用類

二、總分類帳及帳戶圖

　　所有會計項目或帳戶 (Accounts) 的集合，統稱為「總分類帳」(General Ledger)。

　　帳戶圖 (Chart of Accounts) 的作用是將各會計項目之分類帳予以編號，

並按資產、負債、業主權益、收入、費用之順序排列，以利日後的查詢及帳務管理。

　　企業採取不同的記帳方式，將造成其會計項目以不同的面貌呈現。其中：

(1)以電腦化處理會計交易的企業，其會計項目便以電腦化儲存裝置存放在電子檔案內。因此，在電腦硬碟所有會計項目的所有檔案之加總，便是該企業的總分類帳。

(2)若人工記帳的企業，其會計項目便以一頁或數頁為單位，出現在書面的帳簿中。因此，書面帳簿內所有會計項目的加總，便是該企業的總分類帳。

　　另外，企業的規模大小或其營業型態的多樣化也會影響其所需使用的會計項目之多寡。一家小規模企業可能只需使用到 20~30 個左右的會計項目，但一家規模龐大的企業則可能需要使用到更多的會計項目。

　　我們可透過帳戶圖瞭解一家企業所採用的會計項目之詳細內容，此帳戶圖內包含每一會計項目的名稱及其編號，以便於會計處理過程中之查閱與勾稽。

　　傳統上，為便於所有企業的相互比較或查詢，一般企業的會計項目及其帳戶的編碼原則如下：

帳戶編碼	會計項目
101~199	資產類會計項目
201~299	負債類會計項目
301~399	業主權益類會計項目
401~499	收入類會計項目
501~699	費用類會計項目

　　一般而言，上述會計項目編碼所使用的數字大多採用三位數字，但仍需視企業的規模大小及業務型態的繁瑣程度而定，並無一定的強制規定。

　　惟原則上，第一位數字若為「1」則代表「資產」類的會計項目；第一位

數字若為「2」則代表「負債」類的會計項目；第一位數字若為「3」則代表「業主權益」類的會計項目；第一位數字若為「4」則代表「收入」類的會計項目；第一位數字若為「5」則代表「費用」類的會計項目。至於第二位數字則代表每一類會計項目的次分類，如：短期、長期之分。第三位數字則代表各類會計項目的序號。

　　茲列舉一般小規模服務業較常採用的會計項目及其帳戶的編碼如下，以供參考。

帳戶編碼	會計項目
101	現金 (Cash)
103	短期投資 (Short–Term Investment)
112	應收帳款 (Accounts Receivable)
125	用品 (Supplies)
131	預付保險費 (Prepaid Insurance)
162	土地 (Land)
165	房屋 (Building)
168	設備 (Equipment)
169	累計折舊—設備 (Accumulated Depreciation-Equipment)
200	應付票據 (Notes Payable)
201	應付帳款 (Accounts Payable)
207	預收服務收入 (unearned Service Revenue)
209	預收諮詢收入 (Unearned Consulting Revenue)
214	應付薪資 (Salaries and Wages Payable)
231	應付利息 (Interest Payable)
301	趙大中資本 (T.J. Chiao Capital)
303	趙大中提取 (T.J. Chiao Withdrawals)

320	保留盈餘 (Retained Earnings)
351	損益彙總 (Income Summary)
402	諮詢收入 (Consulting Revenue)
408	服務收入 (Service Revenue)
420	房租收入 (Rental Revenue)
506	薪資費用 (Salaries Expense)
537	保險費費用 (Insurance Expense)
580	折舊費用 (Depreciation Expense)
641	房租費用 (Rent Expense)
669	用品費用 (Supplies Expense)
678	水電費用 (Utilities Expense)
690	利息費用 (Interest Expense)
694	稅捐費用 (Taxes Expense)

5-3 借貸法則

　　借貸法則 (Debits and Credits) 主要在顯示各類會計項目應記載的借方、貸方位置，及其應有的正常餘額 (Normal Balance)。

　　會計項目的左邊，稱為「借方」(Debit)，一般縮寫成 Dr.；會計項目的右邊，稱為「貸方」(Credit)，縮寫成 Cr.。當記入某一金額在某一個會計項目的左方，則稱為「借記」(Debit) 某會計項目；當記入某一金額在某一個會計項目的右方，則稱為「貸記」(Credit) 某會計項目。因此，「借」或「貸」的名稱，僅僅表示會計處理上將某金額記入「左邊」或「右邊」之分而已，與中文的字義完全無關，請勿產生其他無謂的聯想。

　　當比較借貸兩方之總金額時，若借方總金額超過貸方總金額，表示該會計項目呈現「借方餘額」(Debit Balance)；反之。若貸方總金額超過借方總金額，表示該會計項目呈現「貸方餘額」(Credit Balance)。

　　針對每一個會計項目，若記在「借方」或「貸方」的位置錯誤，則將造成完全相反的結果。例如：

◆若某一會計項目增加時應記在該會計項目的「借方」；則該會計項目減少時，便應記在該會計項目的「貸方」。

◆若某一會計項目增加應記在該會計項目的「貸方」；則該會計項目減少時，便應記在該會計項目的「借方」。

　　其中借方總金額與貸方總金額的差額，便稱為「會計餘額」(Account Balance)。

◆當借方總金額超過（大於）貸方總金額時，則此會計項目餘額便產生「借方餘額」(Debit Balance)。

◆當貸方總金額超過（大於）借方總金額時，則此會計項目餘額便產生「貸方餘額」(Credit Balance)。

◆當借方總金額等於貸方總金額時，則此會計項目餘額便產生「零餘額」(Zero Balance)。

　　為了方便起見，我們常以 T 帳戶 (T-account) 作為每一會計項目交易事項產生增減變動時的分析工具。每一個獨立的帳戶或會計項目均包含三個要件，缺一不可：⑴帳戶名稱 (Title)；⑵左邊或借方 (Debit Side)；⑶右邊或貸方 (Credit Side)。由於此帳戶的簡式貌似英文字母的 T，因此便以「T 帳戶」命名之。

　　T 帳戶的規格必須具備以下三要件：

1.會計項目的名稱 (Title)。

2.帳戶的左邊，代表「借方」(Debit Side)。

3.帳戶的右邊，代表「貸方」(Credit Side)。

　　例如，現金的 T 帳戶如下：

現金

左邊，借方 (Dr.)	右邊，貸方 (Cr.)
$ 現金增加	$ 現金減少

　　上述 T 帳戶的其中一方專門用以記載該帳戶金額的增加，而另一方則專門用以記載該帳戶金額的減少。最後，還必須表達該帳戶的餘額究竟是借方餘額，抑或是貸方餘額。

　　其中，「資產」類會計項目的正常餘額 (Normal Balance) 在借方（左邊）；「負債」類及「業主權益」類的正常餘額在貸方（右邊），亦即配合其會計恆等式的位置。「收入」類會計項目的正常餘額在貸方（右邊），「費用」類會計項目的正常餘額在借方（左邊）。一個會計項目的正常餘額通常應該出現在當該項目增加時應記載的位置，如下圖所示。

資產　＝　負債　＋　業主權益　＋　收入　－　費用

正常餘額		正常餘額		正常餘額		正常餘額	正常餘額

　　茲以第三章的「趙王投資諮詢顧問公司」的交易事項為例，該公司的現金帳戶的彙整明細交易事項如下：

現金	
(1)	$150,000
(2)	−70,000
(4)	+12,000
(6)	+15,000
(7)	−17,000
(8)	−2,500
(9)	+6,000
(10)	−13,000
餘額	$ 80,500

　　若按借貸法則，將「趙王投資諮詢顧問公司」的現金帳戶的明細記載於「現金」會計項目，該公司的現金帳戶的明細交易事項如下：

現金

（借方）		（貸方）	
150,000		70,000	
12,000		17,000	
15,000		2,500	
6,000		13,000	
借方餘額	80,500		

在「趙王投資諮詢顧問公司」的現金帳戶的彙整明細中，正數代表「收取現金」，負數代表「支付現金」。請特別注意：現金增加時記在借方，現金減少時記在貸方。例如：交易事項(2)支付現金 $70,000 時，記在現金會計項目的貸方；交易事項(6)收取現金 $15,000 時，記在現金會計項目的借方。

上述借貸法則，將會計項目的金額增加時記在一方、金額減少時記在另一方的規則，目的在減少記載錯誤的次數，方便會計項目每一方的金額之加總，並有助於該項目帳戶餘額的計算。最後由金額較多的一方減去金額較低的一方，以決定會計項目的餘額為借方餘額或貸方餘額。例如：趙王投資諮詢顧問公司的現金帳戶為借方餘額 $80,500，表示該公司當月份的現金增加比現金減少多出 $80,500。換言之，由於每一個會計項目在期初時的餘額均由零開始累計，表示趙王投資諮詢顧問公司在期末的現金帳戶餘額為 $80,500。

瞭解一個會計項目的正常餘額之位置可以幫助我們偵測錯誤。例如：若資產類項目如設備出現貸方餘額，或負債類項目如應付帳款出現借方餘額，通常表示發生錯誤的情況。然而，有時會計項目偶爾也會出現不正常的餘額。例如：當公司的銀行存款帳戶產生透支的情況時，則現金會計項目將呈現貸方餘額。

5-4 複式簿記原理

任一交易事項的記載，必須有一個（或一個以上）的借方會計項目，以及一個（或一個以上）的貸方會計項目，而且借方項目的總金額必須等於貸方項目的總金額，以使基本的會計恆等式達到平衡之目的。借方與貸方達到

平衡提供了複式簿記系統 (Double-entry System) 的交易記帳基礎。

$$借方 Debit (Dr.) \quad = \quad 貸方 Credit (Cr.)$$
$$\$（借方的總金額）=\$（貸方的總金額）$$

所謂「複式簿記會計」(Double-entry Accounting) 即要求每一交易事項的分錄 (Entry) 記載方式，至少必須包含兩個會計項目。此外，每一交易記載的結果，必須使得借方的總金額等於貸方的總金額，亦即確使達到借貸平衡的境界。依此類推，則所有交易加總起來的借方總金額也必須等於所有交易的貸方總金額。如此一來，將會使得總分類帳中，所有借方會計項目的總餘額之加總亦必定等於所有貸方會計項目的總餘額之加總。

總之，根據會計恆等式的原理，左方某一會計項目的增加，必定伴隨著右方某一個或兩個以上會計項目的增加，而且其淨餘額為零（達到借方、貸方總金額相等之平衡目標）。例如：資產餘額的淨增加，必定伴隨著負債或業主權益餘額的淨增加。

因此，根據以上的複式簿記原理，每一交易的重要借貸之記帳法則如下：

1.資產變動

資產增加，記在「借方」；資產減少，記在「貸方」。因此，資產類帳戶之正常餘額為借方餘額。

資產

（借方）	（貸方）
+	−
正常餘額	

2.負債變動

負債增加，記在「貸方」；負債減少，記在「借方」。因此，負債類帳戶之正常餘額為貸方餘額。

負債

（借方）	（貸方）
－	＋
	正常餘額

3.業主權益變動

　　業主權益增加，記在「貸方」；業主權益減少，記在「借方」。因此，業主權益類帳戶之正常餘額為貸方餘額。

業主權益

（借方）	（貸方）
－	＋
	正常餘額

(1)業主投資增加，因造成業主權益增加，故記在**業主資本**帳戶的**貸方**。

(2)業主投資減少，因造成業主權益減少，故記在**業主提取**帳戶的**借方**。

(3)收入增加，因造成業主權益增加，故記在收入帳戶的**貸方**。反之，**收入減少**時，因造成業主權益減少，故記在收入帳戶的**借方**。因此，**收入類帳戶之正常餘額為貸方餘額**。

收入

（借方）	（貸方）
－	＋
	正常餘額

(4)**費用增加**，因造成業主權益減少，故記在**費用**帳戶的**借方**。反之，費用減少時，因造成業主權益增加，故記在費用帳戶的貸方。因此，**費用類帳戶之正常餘額為借方餘額**。

費用

（借方）	（貸方）
＋	－
正常餘額	

(5)**股利為公司盈餘的分配**，公司一般常見的股利支付方式為發放現金股
利。當**股利增加**時，因減少股東對於保留盈餘的請求權，故造成業主權益
的減少。因此，當公司宣告發放股利時，應記在**股利**帳戶的**借方**。反之，
股利減少時，因造成業主權益增加，故記在**股利**帳戶的**貸方**。因此，**股利
帳戶之正常餘額為借方餘額**。

股利

（借方）	（貸方）
＋	－
正常餘額	

　　總之，當運用借貸法則的複式簿記原理時，有關資產、負債、業主權益、
收入與費用類會計項目之借貸記帳法則彙整如下，灰底則顯示該帳戶應有的
正常餘額之位置。

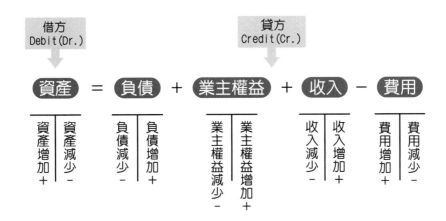

　　充分瞭解上述交易的借貸法則，將有助於交易事項的分析與記錄達到正確性，並有助於錯誤的偵察以及複式簿記原理，進一步提供後續在財務報表的編製、分析與解釋上之助益。

練習題 ▶

一、選擇題

1. 下列何者不屬於流動資產？
   (A)主要為交易目的而持有者
   (B)預期於報導期間後十二個月內將變現者
   (C)將於報導期間後逾十二個月用以清償負債之現金或約當現金
   (D)企業因營業所產生之資產，預期將於企業之正常營業週期中實現，或意
   圖將其出售或消耗者　　　　　　　　　　　　　　104 年高考

2. 下列有關會計憑證之敘述，何者錯誤？
   (A)傳票在會計上稱為「原始憑證」
   (B)銷貨發票屬於對外憑證
   (C)購買存貨所取得之發票屬於外來憑證
   (D)應付帳款付現之交易，應編製「現金支出傳票」　　　103 年 4 等

3. 在正常情況下，下列何者應列為流動負債？
   (A)累計折舊
   (B)遞延所得稅負債
   (C)代扣員工所得稅
   (D)退休金負債　　　　　　　　　　　　　　　　　103 年原住民

4. 下列何者屬於投資性不動產？
   (A)目前尚未確定將來用途（自用或正常營業出售）的土地
   (B)作為存貨的不動產
   (C)為他方建造的不動產
   (D)以融資租賃方式出租給其他企業的不動產　　　　　103 年原住民

5. 預收收入為何種性質之會計項目？
   (A)收益
   (B)費損
   (C)資產
   (D)負債　　　　　　　　　　　　　　　　　　　103 年初等

6. 下列有關借貸法則敘述何者錯誤？

　(A)資產增加記於借方，負債減少記於借方

　(B)負債增加記於借方，權益減少記於貸方

　(C)收入增加記於貸方，費用減少記於貸方

　(D)費用增加記於借方，資產減少記於貸方　　　　　　　101 年身心障礙

7. 「負債準備」與「或有負債」的差別在於

　(E)負債準備為企業的潛在義務，或有負債為企業的現時義務

　(F)負債準備的金額無法合理估計，或有負債的金額可以合理估計

　(G)負債準備為企業的現時義務，或有負債可能為企業的潛在義務

　(H)負債準備存在義務發生的可能性小於或有負債義務發生的可能性

　　　　　　　　　　　　　　　　　　　　　　　　　　102 年原住民

8. 遞延所得稅資產（或負債）應於資產負債表歸類為

　(A)流動資產（或負債）

　(B)非流動資產（或負債）

　(C)視產生原因而定

　(D)視迴轉期間而定　　　　　　　　　　　　　　　　104 年高考

9. 下列何者可以反應一個企業在某一特定期間內，某一會計科目的增減變動

　(A)分類帳

　(B)試算表

　(C)工作底稿

　(D)日記簿　　　　　　　　　　　　　　　　　　　　102 年身心障礙

10. 台船公司的營業是為客戶建造船隻，營業週期長於一年，下列何者於該公司的財務報表中屬於非流動資產？

　(A)建造中之存貨，預計 2 年後交貨

　(B)預計於 10 個月後向客戶收取之應收款項

　(C)二年後到期之定期存款（不得解約）

　(D)交易目的持有之金融資產　　　　　　　　　　　　102 年稅務

二、問答題

1. 分別指出為促使下列會計項目的正常餘額產生減少時，則應予以借記或貸

記?

⑴辦公設備

⑵維修服務收入

⑶應付利息

⑷應收帳款

⑸薪資費用

⑹業主資本

⑺預付保險費

⑻建築物

⑼利息收入

⑽業主提取

2.分別指出當下列情況發生時,則應予以記載於該項會計項目的借方或貸方?

⑴倉儲設備的增加

⑵業主提取的增加

⑶現金的減少

⑷公共費用的增加

⑸已賺得的手續收入增加

⑹未賺得的收益減少

⑺預付保險費的減少

⑻應付票據的增加

⑼應收帳款的減少

⑽業主資本的增加

3.下列為全球航空公司財務報表的部分會計項目資訊:

⑴應付帳款

⑵飛機燃料費用

⑶空中交通義務

⑷貨運與郵件收益

⑸佣金費用

⑹飛行設備

⑺降落費用

⑻乘客收益

⑼購買飛行設備保證金

⑽備用零件與用品

請判斷每一項會計項目應歸屬於資產負債表或綜合損益表。若應歸屬於資產負債表，則請進一步判斷其為資產、負債或業主權益類的項目；若應歸屬於綜合損益表，則進一步判斷其為收入或費用類的項目。

4.室內設計師黃大正先生設立並經營大正公司，大正公司的會計項目分類帳的編號原則為：項目號碼的第一位數為主要的會計分類（1-資產、2-負債、3-業主權益、4-收益、5-費用），項目號碼的第二位數為先前每一項主要會計分類中的特定會計項目之編碼。

試將下列已完成編號的項目號碼：11、12、13、21、31、32、41、51、52和53，分別配置於以下的會計項目。

⑴應付帳款

⑵應收帳款

⑶現金

⑷已賺得服務費

⑸黃大正先生資本

⑹黃大正先生提取

⑺土地

⑻雜項費用

⑼用品費用

⑽薪資費用

5.平安旅行社於 2015 年 4 月 1 日設立，以下的 T 字帳列示平安旅行社在第一個營運月份（四月份）中發生的九項交易事項之情況：

現金

⑴	720,000	⑵	36,000
⑺	228,000	⑶	240,000

	(4)	97,200
	(6)	180,000
	(8)	72,000

應收帳款

(5)	312,000	(7)	228,000

用品

(2)	36,000	(9)	25,200

設備

(3)	720,000		

應付帳款

(6)	180,000	(3)	480,000

游先生資本

		(1)	720,000

游先生提取

(8)	72,000		

服務收益

		(5)	312,000

營運費用

(4)	97,200		
(9)	25,200		

請於下列格式中分別分析並指出(1)~(9)的交易事項將會：(a)影響資產、負
債、業主權益、業主提取、收益或費用項目；(b)受影響的項目為增加 (+)
或減少 (−)。茲以交易(1)作為範例：

	借方項目		貸方項目	
交易	形式	影響	形式	影響
(1)	資產	+	業主權益	+

6. 以下為忠旺服務公司的部分會計項目, 分別指出每一項會計項目應歸屬於資產、負債、權益、收益、費用的哪一個類別? 並指出該類別的正常餘額應為借方或貸方餘額?

(1)應付帳款

(2)應收帳款

(3)現金

(4)林先生資本

(5)林先生提取

(6)設備

(7)已賺得服務費

(8)租金費用

(9)薪資費用

(10)用品

7. 針對下表的(a)至(1)項目, 分別指出當資產負債表項目或綜合損益表類的會計項目產生增加或減少時, 應記錄在該類別的借方或貸方? 並指出該類別會計項目的正常餘額應為借方或貸方餘額?

	增加	減少	正常餘額
餘額			
資產負債表項目:			
資產	借方	貸方	(a)
負債	(b)	(c)	(d)
業主權益:			
資本	(e)	(f)	貸方

提取	(g)　貸方　(h)

綜合損益表項目：

收益	(i)　借方　(j)
費用	(k)　貸方　(l)

8.針對下表的(a)至(l)的會計項目，分別指出：

　(1)確認會計項目應歸屬於資產、負債、權益、收入或費用之類別。

　(2)當會計項目產生增加或減少時，應記錄在資產、負債、權益、收入或費用類別的借 (Dr.) 或貸方 (Cr.)?

　(3)確認該類別會計項目的正常餘額應為借方或貸方餘額?

	項目	項目種類	增加（借方或貸方）	降低（借方或貸方）	正常餘額
a.	預收收入				
b.	應付帳款				
c.	郵資費用				
d.	預付保險費				
e.	土地				
f.	張先生資本				
g.	應收帳款				
h.	張先生提取				
i.	現金				
j.	設備				
k.	已賺得收益				
l.	薪資費用				

9.針對下列獨立的個案，試分別計算其未知的金額為多少?

　(1)中天公司在 2015 年 10 月期間產生 $2,460,000 的現金收入及 $2,475,600 的現金支出，已知在中天公司 10 月 31 日的現金餘額為 $446,400，試問:

中天公司在 9 月 30 日有多少的現金餘額?

⑵陝西公司在 2015 年 9 月 30 日的應收帳款帳面金額為 $2,460,000, 在 2015 年 10 月份期間, 該公司的賒帳客戶還來帳款 $2,469,360, 因此 2015 年 10 月 31 日的應收帳款餘額為 $2,136,000。試問: 陝西公司在 2015 年 10 月期間產生的賒銷金額為多少?

⑶航天科技公司在 2015 年 9 月 30 日的應付帳款帳面金額為 $3,648,000, 在 2015 年 10 月 31 日的應付帳款帳面金額為 $3,176,000。已知航天科技公司在 10 月份期間的賒購金額為 $6,744,000, 試問: 航天科技公司在 10 月份期間償還了多少的應付帳款?

10.試根據借貸法則, 將下列⑴至⑽各項交易之影響, 以 A 至 J 中的字母填入各交易右邊空格內。例如交易⑴之正確答案為 A、F (即借記資產, 貸記權益)。

	答案
⑴業主以現金投入企業。	A、F
⑵賒購設備。	
⑶支付廣告費。	
⑷現購文具用品。	
⑸向銀行借款, 並簽發票據一紙。	
⑹為客戶服務後, 約定十日後收款。	
⑺償還購買設備欠款之一部分。	
⑻支付員工薪資。	
⑼交易⑹中之客戶償還其欠款。	
⑽業主提取現金自用。	

各種影響:

A.借記資產	B.貸記資產
C.借記負債	D.貸記負債
E.借記權益	F.貸記權益
G.借記收益	H.貸記收益
I.借記費損	J.貸記費損

11.試說明下列 T 字帳中(1)至(10)之交易內容。

現　金				應付帳款				張平資本			
(1)	5,000	(2)	2,000	(6)	700	(3)	800			(1)	5,000
(9)	500	(4)	500								
(10)	300	(6)	700								
		(8)	300								

公費收入				租金費用				用品費用			
		(5)	1,500	(4)	500			(7)	200		
		(10)	300								

應收帳款				用品盤存				辦公設備			
(5)	1,500	(9)	500	(3)	800	(7)	200	(2)	2,000		

張平提取			
(8)	300		

12.李明於本年 6 月 1 日投資設立李明清潔服務社。其 6 月份交易所使用之會
計科目有現金、應收帳款、用品盤存、辦公設備、應付票據、應付帳款、
李明資本、李明提取、勞務收入、租金費用、薪資費用、用品費用、保險
費、廣告費及水電瓦斯費等。該社 6 月份之交易如下：

(1)李明投資 $100,000 設立本社

(2)賒購辦公設備 $25,000，簽發本票抵付

(3)賒購清潔用品 $5,000

(4)支付房屋租金 $3,000

(5)支付保險費 $1,000

(6)為顧客服務應得 $16,000，暫欠

(7)支付廣告費 $1,200

(8)償還第(3)項購買用品欠款 $2,000

(9)為顧客服務，當即收到服務費 $4,500

(10)第(7)項所付之廣告費因計算錯誤，退回 $200

⑾支付員工薪資 $6,000

⑿收到第(6)項顧客還來欠款 $8,000

⒀為業主李明支付其汽車保險費 $800

⒁收到電費帳單 $750

⒂月底盤點清潔用品，尚存 $800

試將上列交易記入 T 字帳，並在每項交易之金額前註明交易號數。

13.下列何者應記入丁字帳的借方(D)? 何者應記入丁字帳的貸方(C)?

(1)水電瓦斯費增加 　　　　　　(2)業主提取增加

(3)應付帳款減少 　　　　　　　(4)預收收入增加

(5)預付費用減少 　　　　　　　(6)業主資本減少

(7)收入增加 　　　　　　　　　(8)用品費用減少

(9)應收帳款增加 　　　　　　　(10)應付抵押借款減少

14.試分析下列交易，並分別以(A)至(Y)之代號表示交易之類型。

(1)應收帳款收現 $3,000

(2)現購文具用品 $2,500

(3)賒購運輸設備 $50,000

(4)預收顧客半年服務費之中，已提供三個月之服務

(5)溢收顧客服務費，由本店開出票據償還

(6)償還欠款 $8,000

(7)業主個人所欠帳款，由本店開立票據償還

(8)業主由店中取用文具用品

(9)業主投入現金 $100,000 開設本店

(10)本店開立 $20,000 票據，償還所欠帳款

⑾業主提取 $6,000 自用

⑿為顧客提供服務，換取文具用品 $2,000

⒀為顧客提供服務，獲得現金 $800

⒁報社溢收費用，退回現金 $300

⒂改正已入帳之雜費為交際費

⒃收到電話費帳單 $500

⒄更改已入帳之勞務收入為租金收入

⒅將溢收之收入款 $1,200 退還顧客

⒆本店多收客戶服務費 $800，由溢付該客戶費用中扣除

⒇收到惠全公司通知，本店已入帳保全費用帳單金額應減少 $500

交易類型：

⒜資產增加，資產減少　　　　　⒝資產增加，負債增加

⒞資產增加，權益增加　　　　　⒟資產增加，收益增加

⒠資產增加，費損減少　　　　　⒡負債減少，資產減少

⒢負債減少，負債增加　　　　　⒣負債減少，權益增加

⒤負債減少，收益增加　　　　　⒥負債減少，費損減少

⒦權益減少，資產減少　　　　　⒧權益減少，負債增加

⒨權益減少，權益增加　　　　　⒩權益減少，收益增加

⒪權益減少，費損減少　　　　　⒫收益減少，資產減少

⒬收益減少，負債增加　　　　　⒭收益減少，權益增加

⒮收益減少，收益增加　　　　　⒯收益減少，費損減少

⒰費損增加，資產減少　　　　　⒱費損增加，負債增加

⒲費損增加，權益增加　　　　　⒳費損增加，收益增加

⒴費損增加，費用減少

第六章

交易事項的分析

前　言

　　前面章節已介紹了會計如何藉由財務報表的形式提供有用的資訊，以揭露一個企業組織的財務體質與經營績效，並協助提供企業攸關人士制訂最佳的決策。

　　本章將詳細說明如何運用延伸的會計恆等式 (Accounting Equation) 分析交易事項、針對企業交易事項如何運用會計恆等式加以確認與分析的釋例，以及如何編製四種企業正式對外公開的財務報表。

學習架構

■ 瞭解如何運用延伸的會計恆等式分析交易事項。

■ 以釋例說明，如何運用會計恆等式加以確認與分析企業發生的交易事項。

■ 說明如何編製四種正式的對外公開的財務報表。

6–1 會計恆等式的延伸

會計恆等式 (Accounting equation) 是現代會計系統的基本分析工具，藉由會計恆等式可作為交易事項會計記錄的主要源頭，並可驗證分析的工作是否正確，因此運用會計恆等式以進行交易分析是整個會計流程中十分重要的起點，對後續交易處理工作的正確性更具舉足輕重的地位，故初學者不應對它加以忽視。

由於會計恆等式連接財務狀況表中所有的項目，並確保資產的總金額必定等於負債加上業主權益的總金額，因此會計恆等式又被稱為「財務狀況表方程式」。

$$資產 = 負債 + 業主權益$$

進一步將負債由會計恆等式的右邊移至等式的左邊時，則產生：

$$資產 - 負債 = 業主權益$$

經由將會計恆等式移項後發現，企業所有的資產用以償還所有的負債之後，剩餘的資源將歸業主所享有，因此，使得業主權益又有「剩餘權益」(Residual Equity) 之稱。

鑑於在公司組織內，業主權益稱為「股東權益」(Shareholders' Equity)，主要是由「股本」(Share Capital) 與「保留盈餘」(Retained Earnings) 所構成，故可進一步將會計恆等式延伸如下：

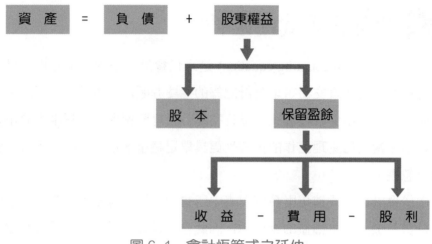

圖 6-1　會計恆等式之延伸

　　總之，會計恆等式可協助提供瞭解企業的資產、負債、股東權益類的變動之分析，並有助於解釋企業所發生的交易事項的內容，以進一步提供有用的資訊協助相關人士制訂決策。

6-2 運用會計恆等式進行交易分析

一、交易事項的分析釋例

　　企業的交易 (Transactions) 是由會計人員所記載之企業的經濟性事項。企業交易視是否牽涉到外部人士或組織個體，分成外部交易 (External Transactions) 與內部交易 (Internal Transactions) 事項。其中外部交易事項是指牽涉到企業與外部人士的經濟事項，例如：企業由上游供應商購買原物料或設備、支付每月的租金予房東、企業銷售商品或提供勞務與顧客等。相反地，內部交易事項則僅指發生於企業組織內部之經濟事項，例如：原物料或設備的使用。

　　另一方面，企業每日營運過程中不斷地發生一些不屬於上述外部交易或內部交易之活動，然而卻將會造成會計恆等式構成項目變動之事件。例如：雇用員工、接聽電話、回應顧客的需求、處理訂單、盤點存貨等。這些活動中某些可能將導致企業交易的產生，例如：員工工作一段時間後，企業必須

給付其薪資，因而產生薪資費用；供應商運送訂購的商品，構成購貨的行為等。若這些事件將影響會計恆等式並促使會計恆等式的構成項目產生變動，則會計人員仍須加以分析並予以記錄。

每一項交易事項是買賣雙方基於經濟考量而進行交換，其中經濟考量包括：商品、服務、價錢及收款的權利，將對會計恆等式產生雙重的影響。例如：若企業的資產增加，其對應的會計恆等式之變動有三種可能性：⑴另一項資產的減少；⑵負債的增加；⑶股東權益的增加。另一方面，交易事項也可能同時影響一個或數個的會計恆等式之構成項目，但是，每個交易都會使會計恆等式平衡，亦即資產永遠等於負債與股東權益的加總。例如：某企業的資產增加 $10,000，其原因可能是另一項資產減少 $6,000，同時負債增加 $4,000。

以下藉由趙大中與王小平在 2015 年初設立的「趙王投資諮詢顧問公司」所發生的交易事項為例，說明會計處理上應如何運用會計恆等式，針對企業所產生的交易事項加以分析。

交易事項 1： 業主（股東）出資設立公司

2015 年 1 月 1 日，趙大中與王小平共同成立一家提供投資諮詢顧問的公司，趙大中與王小平兩人共同以購買股份的方式出資並共同經營此間投資諮詢顧問公司，主要提供投資大眾或企業界如何進行有效的投資之相關的諮詢與顧問的服務。

因此，2015 年 1 月 1 日趙大中與王小平兩人分別由其銀行戶頭內提領了現金共計 $150,000 以交換該公司價值 $150,000 的一般普通股，然後便到銀行開立了以「趙王投資諮詢顧問公司」為名義的銀行戶頭，將 $150,000 現金存入銀行存款帳戶內。此項交易事項使得趙王投資諮詢顧問公司的「資產」項下的現金及「股東權益」項均增加 $150,000，運用會計恆等式分析可以下列方式表達：

基本分析

「資產」當中的現金增加 $150,000，同時「股東權益」當中的股本也增加了 $150,000。

	資產	=	負債	+	股東權益
	現金	=			股本
(1)	+$150,000				+$150,000 投資

　　經由分析結果顯示:「趙王投資諮詢顧問公司」有一項資產為現金,等於 $150,000,沒有負債,股東權益為 $150,000。此項股東權益的增加係業主(股東)投資,特別注意會計恆等式的平衡。

交易事項 2: 以現金購買設備

　　「趙王投資諮詢顧問公司」以現金 $70,000 購買電腦設備以供營運上使用。

基本分析

　　此交易一方面增加「資產」的「設備」(Equipment),另一方面減少「資產」的「現金」(Cash),故資產總金額不變。換言之,總資產仍為 $150,000,其中原始投資之股本金額仍為 $150,000。

	資產			=	負債	+	股東權益
	現金	+	設備	=			股本
(1)	+$150,000						+$150,000 投資
(2)	−70,000		+$70,000				
新餘額	$150,000 + $70,000 − 70,000 = $150,000			=			$150,000

交易事項 3: 賒購用品

　　「趙王投資諮詢顧問公司」向供應商賒購 (a Credit Purchase) 一批電腦報表紙的用品,以供辦公使用,金額為 $16,000 元,供應商同意該公司下個月再付款。

基本分析

　　此交易一方面增加「資產」的「用品」(Supplies) $16,000,由於承諾以

日後付款方式取得用品，使其負債為 $16,000，故增加「負債」的「應付帳款」(Accounts Payable) $16,000。

資產			=	負債	+	股東權益
現金	+ 用品	+ 設備	=	應付帳款		股本
(1) +$150,000						+$150,000 投資
(2) −70,000		+$70,000				
(3)	+$16,000			+$16,000		
新餘額 $150,000 + $16,000 = $166,000			=			$166,000

交易事項 4： 提供服務收取現金

　　公司主要目的是增加股東的財富，若公司產出足夠的淨利，則此目標即可達成。淨利反映在會計恆等式中是股東權益的增加，「趙王投資諮詢顧問公司」藉提供諮詢顧問服務賺得收入並增加股東權益，當收入大於費用時即可賺得淨利。

　　「趙王投資諮詢顧問公司」提供諮詢服務收到 $12,000 的現金，此項交易代表該公司創造收益的主要活動。會計恆等式反映「現金」及「股東權益」各增加 $12,000，其中股東權益增加則是反映該公司賺得的收入。

(基本分析)

　　此交易一方面增加「股東權益」的「勞務收益」(Service Revenue) $12,000，另一方面增加「資產」的「現金」$12,000。

資產			=	負債	+	股東權益	
現金	+ 用品	+ 設備	=	應付帳款		股本	+ 保留盈餘 收益–費用–股利
(1) +$150,000						$150,000	
(2) −70,000		+$70,000					
(3)	+$16,000			+$16,000			
(4) +12,000							收益 +$12,000 勞務收入
新餘額 $166,000 + $12,000 = $178,000			=			$178,000	

交易事項 5：賒購廣告

「趙王投資諮詢顧問公司」在經濟日報刊登一則有關該公司商品的廣告，收到一張金額 $2,500 的帳單，報社同意該公司日後再支付廣告費用的款項。此項交易事項導致該公司的負債增加、股東權益減少。

基本分析

由於承諾以日後付款方式取得廣告之刊登，此交易一方面增加「負債」的「應付帳款」$2,500，另一方面產生了一項廣告費用 (Advertising Expense) 的花費，使其「廣告費用」增加了 $2,500，造成淨利減少 $2,500、導致「股東權益」亦減少 $2,500。

	資產			=	負債	+	股東權益		
	現金	+ 用品	+ 設備	=	應付帳款		股本	+	保留盈餘 收益-費用-股利
(1)	+$150,000						$150,000		
(2)	−70,000		+$70,000						
(3)		+$16,000			+$16,000				
(4)	+12,000								收益 +$12,000 勞務收入
(5)					+2,500				費用 −$2,500 廣告費用
新餘額	$178,000			=	$178,000 + $2,500 − $2,500 = $178,000				

當企業產生一項費用時，由於費用將造成「淨利」的減少，因此，將減少其「保留盈餘」。

交易事項 6： 提供服務部分收取現金、部分賒銷

　　「趙王投資諮詢顧問公司」提供顧客諮詢顧問服務，產生了勞務收入 $35,000，然而顧客僅支付現金 $15,000，剩餘的 $20,000 承諾日後再付。此項交易事項導致該公司的資產與股東權益同時增加。

基本分析

　　由於顧客承諾日後再支付剩餘的款項，此交易一方面增加「資產」的「現金」$15,000，同時該公司對顧客產生一項應收款項的請求權，亦即增加「資產」的「應收帳款」(Accounts Receivable) $20,000，另一方面增加一筆勞務收入 $35,000，使得該公司的淨利增加、「股東權益」亦增加 $35,000。

	資產						=	負債	+	股東權益		
	現金	+	應收帳款	+	用品	+ 設備	=	應付帳款		股本	+	保留盈餘 收益－費用－股利
(1)	+$150,000									$150,000		
(2)	−70,000					+$70,000						
(3)					+$16,000			+$16,000				
(4)	+12,000										收益	+$12,000 勞務收入
(5)								+2,500			費用	−$2,500 廣告費用
(6)	+15,000		+$20,000								收益	+35,000 勞務收入
新餘額		$178,000 + 35,000 = $213,000					=		$178,000 + $35,000 = $213,000			

　　應收帳款代表顧客對於「趙王投資諮詢顧問公司」將來承諾的給付，若該公司日後收到顧客的欠款給付，則該公司將增加「現金」並減少「應收帳款」。

交易事項 7：以現金支付費用

「趙王投資諮詢顧問公司」支付以下的費用：支付承租店面租金 $6,000 予房東，租金的支付使該公司可在成立的 1 月當月使用該店面。此外，公司支付員工薪資 $9,000 以及水電費用 $2,000。

基本分析

由於公司以現金支付營業費用，此交易一方面減少「資產」的「現金」$17,000，同時增加三項費用（租金費用、薪資費用、水電費用）計 $17,000，使得該公司的淨利減少、「股東權益」亦減少 $17,000。

	資產				=	負債	+	股東權益	
	現金 +	應收帳款 +	用品 +	設備	=	應付帳款	股本 +	保留盈餘 收益−費用−股利	
(1)	+$150,000						$150,000		
(2)	−70,000			+$70,000					
(3)			+$16,000			+$16,000			
(4)	+12,000							收益 +$12,000	勞務收入
(5)						+2,500		費用 −$2,500	廣告費用
(6)	+15,000	+$20,000						收益 +35,000	勞務收入
(7)	−17,000							費用 −6,000	租金費用
								−9,000	薪資費用
								−2,000	水電費用
新餘額	$213,000 − $17,000 = $196,000				=	$213,000 − $17,000 = $196,000			

三項不同的費用（租金費用、薪資費用、水電費用）應分開列示，以顯示其性質之不同。以現金支付三項費用後，會計恆等式左右兩邊之新餘額為 $196,000。

交易事項 8：償還應付帳款

「趙王投資諮詢顧問公司」償還先前（交易事項 5）所欠經濟日報之刊登廣告費用 $2,500。

基本分析

由於公司以現金償還應付帳款，此交易一方面減少「資產」的「現金」$2,500，同時減少「負債」的「應付帳款」$2,500。

	資產				=	負債	+	股東權益	
	現金	+ 應收帳款	+ 用品	+ 設備	=	應付帳款	股本	+	保留盈餘 收益−費用−股利
(1)	+$150,000						$150,000		
(2)	−70,000			+$70,000					
(3)			+$16,000			+$16,000			
(4)	+12,000							收益	+$12,000 勞務收入
(5)						+2,500		費用	−$2,500 廣告費用
(6)	+15,000	+$20,000						收益	+35,000 勞務收入
(7)	−17,000							費用	−6,000 租金費用 −9,000 薪資費用 −2,000 水電費用
(8)	−2,500					−2,500			
新餘額	$196,000 − $2,500 = $193,500				=	$196,000 − $2,500 = $193,500			

交易事項 9：應收帳款收現

　　「趙王投資諮詢顧問公司」收到先前（交易事項 6）顧客所欠之帳款 $6,000，此項交易並不影響總資產，但卻造成資產構成項目之內容產生變動。

基本分析

　　公司收到現金，因此，此交易一方面增加「資產」的「現金」$6,000，同時減少「資產」的「應收帳款」$6,000。

	資產						=	負債	+	股東權益		
	現金	+	應收帳款	+	用品	+	設備	=	應付帳款	股本	+	保留盈餘 收益−費用−股利
(1)	+$150,000									$150,000		
(2)	−70,000						+$70,000					
(3)					+$16,000				+$16,000			
(4)	+12,000											收益 +$12,000 勞務收入
(5)									+2,500			費用 −$2,500 廣告費用
(6)	+15,000		+$20,000									收益 +35,000 勞務收入
(7)	−17,000											費用 −6,000 租金費用 −9,000 薪資費用 −2,000 水電費用
(8)	−2,500								−2,500			
(9)	+6,000		−6,000									
新餘額	$193,500 + $6,000 − $6,000 = $193,500						=			$193,500		

交易事項 10：發放股利

「趙王投資諮詢顧問公司」支付現金股利 $13,000 給予公司的兩位股東：趙大中與王小平，此項交易事項同時造成資產與股東權益之減少。

基本分析

由於公司支付現金股利，因此，此交易一方面減少「資產」的「現金」$13,000，同時產生「股利」(Dividend) $13,000，造成「股東權益」的減少。

	現金	+	應收帳款	+	用品	+	設備	=	應付帳款	股本	+	保留盈餘 收益−費用−股利	
(1)	+$150,000									$150,000			
(2)	−70,000					+$70,000							
(3)			+$16,000						+$16,000				
(4)	+12,000										收益	+$12,000 勞務收入	
(5)									+2,500		費用	−$2,500 廣告費用	
(6)	+15,000		+$20,000								收益	+35,000 勞務收入	
(7)	−17,000										費用	−6,000 租金費用 −9,000 薪資費用 −2,000 水電費用	
(8)	−2,500								−2,500				
(9)	+6,000		−6,000										
(10)	−13,000										股利	−13,000 股利	
新餘額	$193,500 − $13,000 = $180,500							=	193,500 − $13,000 = $180,500				

二、彙整交易事項 (Summary of Transactions)

　　下列表格彙整「趙王投資諮詢顧問公司」成立的第一個月份之所有的交易事項，並分別列示該公司與五個主要個體發生交易：股東、供應商、員工、顧客及房東，以充分表達基本會計恆等式之累積效果。下表中以交易編號確認各項交易的對象，並利用會計恆等式摘要這 10 項交易。其中有三項重點必須注意：

1. 在每一交易分析過後，會計恆等式仍舊平衡，尤其對複式分錄會計系統而言，會計恆等式相等的結果是相當重要的。
2. 分析交易對會計恆等式構成要素的影響，一項資產與另一項資產減少的金額相等。
3. 股本與保留盈餘代表股東對於公司資產的請求權之變動情況。

	現金	+	應收帳款	+	用品	+	設備	=	應付帳款	+	股本	+	收益	−	費用	−	股利	
(1)	$150,000										$150,000								發行股票
(2)	−70,000						+$70,000												
餘額	80,000						70,000				150,000								
(3)					+$16,000					+$16,000									
餘額	80,000				16,000		70,000			16,000		150,000							
(4)	+12,000													+$12,000					顧問收入
餘額	92,000				16,000		70,000			16,000		150,000		12,000					
(5)										+2,500						−$2,500			廣告費用
餘額	92,000				16,000		70,000			18,500		150,000		12,000		−2,500			
(6)	+15,000		+$20,000											+$35,000					顧問收入
餘額	107,000		20,000		16,000		70,000			18,500		150,000		47,000		−2,500			
(7)	−17,000															−6,000			租金費用
																−9,000			薪資費用
																−2,000			水電費用
餘額	90,000		20,000		16,000		70,000			18,500		150,000		47,000		−19,500			
(8)	−2,500									−2,500									
餘額	87,500		20,000		16,000		70,000			16,000		150,000		47,000		−19,500			
(9)	+6,000		−6,000																
餘額	93,500		14,000		16,000		70,000			16,000		150,000		47,000		−19,500			
(10)	−13,000																	−$13,000	股利
餘額	$80,500		$14,000		$16,000		$70,000	=	$16,000		$150,000		$47,000		−$19,500		−$13,000		

資產 = 負債 + 股東權益

保留盈餘 = 收益 − 費用 − 股利

6-3 編製財務報表

　　由上述表格所彙整的「趙王投資諮詢顧問公司」成立第一個月份之所有交易事項，說明如何編製企業四種正式對外公開的財務報表。我國於 2013 年後已適用國際財務報導準則 (International Financial Reporting Standards, IFRS)，因此，財務報表名稱遵從 IFRS 修訂為：綜合損益表 (Statement of Profit and Loss and Other Comprehensive Income)、保留盈餘變動表 (Statement of Retained Earnings)、財務狀況表 (Statement of Financial Position) 以及現金流量表 (Statement of Cash Flow)。

　　考量編製財務報表所需的資訊與便利性，建議宜先編製綜合損益表，其次為保留盈餘變動表及財務狀況表，而現金流量表需要上述三個報表資訊之輔助，應最後編製。

　　企業正式對外發布的財務報表之結構應包含「表首」與「表身」，其中「表首」包括：企業名稱、報表名稱以及報表所涵蓋的期間，缺一不可。以綜合損益表為例：公司名稱為「趙王投資諮詢顧問公司」，報表名稱為「綜合損益表」，報表表達所涵蓋的資訊期間為 2015 年 1 月 1 日起至 12 月 31 日止。表身為說明報表之實質內涵，通常以企業所在當地的國家通用貨幣為報表的幣值衡量單位，例如：美國為美元、臺灣為新臺幣元、英國為英鎊、日本為日圓。

一、綜合損益表

　　綜合損益表為報導企業在某一段會計期間的收入與成本、費用與收入、費用與損益之結果。因此，綜合損益表僅包含收入類與成本、費用類的科目，以說明企業在某一會計年度之獲利績效。根據現行國際上採用的國際財務報導準則 (IFRS) 之規範，綜合損益表須包含五大類別：營業（營運收入與費用、投資收入與費用）、融資（融資資產所得、融資負債費用）、所得稅（攸關營業與融資項目）、停業部門的稅後營運所得，以及其他稅後綜合所得。由下列的綜合損益表顯示：「趙王投資諮詢顧問公司」自 2015 年 1 月 1 日起至 12 月 31 日止，諮詢顧問收入總計為 $470,000。

趙王投資諮詢顧問公司		
綜合損益表		
2015 年 1 月 1 日起至 12 月 31 日止		

收益

諮詢顧問收入		$470,000

費用

租金費用	$60,000	
薪資費用	90,000	
廣告費用	25,000	
水電費用	20,000	
總費用		195,000
本期淨利		$275,000

二、保留盈餘變動表

　　保留盈餘變動表為報導企業在某一段會計期間的保留盈餘增加、減少的情況。因此，表中包含期初保留盈餘、本期淨利以及股利項目，以說明企業在某一會計年度保留盈餘增減變化的情形。由下列的保留盈餘變動表顯示：「趙王投資諮詢顧問公司」自 2015 年 1 月 1 日起至 12 月 31 日止，期末保留盈餘總計為 $145,000，主要為本期淨利增加保留盈餘 $275,000，發放股利減少保留盈餘 $130,000 所致。

趙王投資諮詢顧問公司 保留盈餘變動表 2015 年 1 月 1 日起至 12 月 31 日止	
期初保留盈餘	$ 　　　0
加：本期淨利	275,000
小計	$ 275,000
減：股利	(130,000)
期初保留盈餘	$ 145,000

　　保留盈餘變動表在公司組織則稱為「股東權益變動表」(Statement of Stockholders' Equity)，主要揭露與股東的資本性交易、累積盈餘或虧損的變動以及所有其他與股東權益變動有關的項目。

　　根據現行國際上採用的國際財務報導準則 (IFRS) 之規範，若財務報表的表達係以「已認列的收入與費用表」(SoRIE) 為主，則不另提供「股東權益變動表」，僅於附註揭露之。否則，則應將「股東權益變動表」列為公司的主要財務報表之一。

三、財務狀況表

　　財務狀況表為報導企業在某一特定日的資產、負債及權益的情況。根據現行國際上採用的國際財務報導準則 (IFRS) 之規範，財務狀況表須包含五大類別：營業（營運資產與負債、投資資產與負債）、融資（融資資產、融資負債）、所得稅（遞延所得稅及應付所得稅）、停業部門的營運，以及股東權益（股本、保留盈餘、其他綜合所得）。由下列的財務狀況表顯示：「趙王投資諮詢顧問公司」2015 年 12 月 31 日的總資產總計為 $1,805,000，總負債主要來自於應付帳款為 $160,000，股東權益總額為 $1,645,000，包括：股本 $1,500,00 以及保留盈餘 $145,000。

趙王投資諮詢顧問公司
財務狀況表
2015 年 12 月 31 日

資產		負債		
現金	$ 805,000	應付帳款		$ 160,000
應收帳款	140,000	總負債		$ 160,000
文具用品	160,000			
設備	700,000	股東權益		
		股本	$1,500,000	
		保留盈餘	145,000	1,645,000
資產總額	$1,805,000	負債及股東權益總額		$1,805,000

　　根據現行國際上採用的國際財務報導準則 (IFRS) 之規範，無特別明文規定的財務狀況表格式。然而，除非以流動性高低列示的表達方式能提供更可靠、更相關的會計資訊，否則資產與負債必須區分流動或非流動性項目。此外，IFRS 有明文要求至少應於財務狀況表中列示的會計項目內容。

四、現金流量表

　　根據現行國際上採用的國際財務報導準則 (IFRS) 之規範，現金流量表須包含五大類別：營業（營運現金流量、投資現金流量）、融資（融資資產現金流量、融資負債現金流量）、所得稅（已支付現金的所得稅）、停業部門的營運，以及股東權益。由下列的現金流量表顯示：「趙王投資諮詢顧問公司」在 2015 年期間，來自營業活動的現金流量為現金流入 $135,000，來自投資活動的現金流量為現金流出 $700,000，來自融資活動的現金流量為現金流入 $1,370,000。使得該公司在 2015 年度的現金淨增加 $805,000，加上期初現金餘額 $0，故期末現金餘額總計為 $805,000。

趙王投資諮詢顧問公司 現金流量表 2015 年 1 月 1 日起至 12 月 31 日止		
來自營業活動的現金流量：		
由提供勞務所收取的現金	$　330,000	
現金支付房租等營業費用	(195,000)	
來自營業活動的淨現金流量		$　135,000
來自投資活動的現金流量：		
購買設備	$ (700,000)	
來自投資活動的淨現金流量		(700,000)
來自融資活動的現金流量：		
業主投資	$1,500,000	
支付股利	(130,000)	
來自融資活動的淨現金流量		1,370,000
現金淨增加		$　805,000
期初的現金餘額，101 年 1 月 1 日		0
期末的現金餘額，101 年 12 月 31 日		$　805,000

　　根據現行國際上採用的國際財務報導準則 (IFRS) 之規範，IFRS 對於現金流量表內容之要求，說明有限，但可採用直接法或者間接法編製。

　　經調查顯示，實務上採用 IFRS 的多數公司，並未有採用直接法編製現金流量表者。

練習題 ▶

一、選擇題

1. 公司權益總額，會因下列何種事項發生而有所增減？
   (A)提撥償債基金準備
   (B)發放員工紅利
   (C)宣告股票股利
   (D)以資本公積彌補虧損　　　　　　　　　　　　　103 年地特

2. 甲公司一月初業主權益 $400,000，一月底業主權益 $500,000，一月份收入 $670,000，業主提取 $30,000，本月業主無增資，則一月份費用為
   (A) $740,000
   (B) $770,000
   (C) $570,000
   (D) $540,000　　　　　　　　　　　　　　　　　　103 年記帳士

3. 企業有現金 $30,000，應付票據 $25,000，應付帳款 $43,000，預收服務收入 $70,000，租金支出 $48,000，根據上述資料，該企業之負債總額應為
   (A) $98,000
   (B) $55,000
   (C) $138,000
   (D) $68,000　　　　　　　　　　　　　　　　　　103 年記帳士

4. 開立遠期本票償還積欠的貨款，會使
   (A)負債總額不變
   (B)負債總額減少
   (C)負債總額增加
   (D)資產總額減少　　　　　　　　　　　　　　　　103 年記帳士

5. 期初存貨少計 $2,000，期末存貨多計 $5,000，將使本期淨利
   (A)多計 $3,000
   (B)少計 $3,000
   (C)多計 $7,000

(D)少計 $7,000　　　　　　　　　　　　　　　104 年記帳士

6. 元大公司期末有應收收入 $7,200，另當年度收到現金 $46,000，期末時尚有 3/4 為預收性質，以應計基礎計算之已實現收入為

(A) $41,700

(B) $34,500

(C) $18,700

(D) $11,500　　　　　　　　　　　　　　　103 年原住民

7. 若企業之期初存貨計價發生高估之狀況，則對當期財務報表之影響為

(A)期末存貨高估

(B)當期毛利高估

(C)當期銷貨成本高估

(D)期末保留盈餘高估　　　　　　　　　　　103 年身心障礙

8. 預收收入轉列已實現收入之交易，係屬下列何種帳戶變動之狀況？

(A)資產增加，負債增加

(B)負債減少，權益增加

(C)資產增加，收益增加

(D)資產減少，負債減少　　　　　　　　　　102 年普考

9. 採曆年制之甲公司於 X1 年因強震發生損失 $900,000，該公司所處區域從未發生此類災害。該公司關於此強震損失應作之會計處理為

(A)認列為銷貨成本

(B)認列為營業費用

(C)認列為其他收益與費損

(D)認列為非常損益　　　　　　　　　　　　102 年身心障礙

10. 甲公司擁有現金 $50,000，應付票據 $20,000，應付帳款 $23,000，預收服務收入 $30,000，預付保險費 $48,000，存出保證金 $6,000，存入保證金 $3,000。根據上述資料，甲公司目前的資產總額為

(A) $98,000

(B) $101,000

(C) $104,000

(D) $107,000　　　　　　　　　　　　　　　104 年初等

二、問答題

1. 請分別描述下列交易事項將如何影響會計恆等式的資產、負債及業主權益？

 (1)王先生投資現金於其獨資經營的企業

 (2)執行服務並獲得現金

 (3)以現金購買辦公用品

 (4)支付企業的水電費用

 (5)賒購設備

2. 試分析並指出下列交易事項對良心企業的資產、負債或業主權益產生的影響為何？

 (1)良心企業於 2010 年以 $1,560,000 購得一塊閒置的空地，2015 年以現金 $2,760,000 賣出。

 (2)假設良心企業以這塊土地向銀行抵押借款了 $672,000，在收到(1)指出的賣出款項 $2,760,000 後，良心企業支付積欠銀行的款項 $672,000，這項還款對良心企業的(a)資產(b)負債(c)業主權益而言將有何影響？

3. 指出下列交易事項將會造成業主權益的 A.增加？ B.減少？

 (1)業主投資

 (2)收益

 (3)費用

 (4)業主提取

4. 下列為速達快遞服務公司 2015 年 10 月份發生的交易事項：

 (1)提供顧客快遞服務，並收得現金 $291,600

 (2)速達快遞服務公司償還債權人部份欠款 $60,000

 (3)業主額外投資現金 $1,800,000

 (4)支付本月份廣告費用 $15,000

 (5)提供顧客快遞服務，並開立帳單 $165,600

 (6)購買用品，支付現金 $18,000

 (7)支付 10 月份的房租 $60,000

 (8)顧客交來先前賒銷的款項，收到現金 $76,320

(9) 10 月底經盤點後發現庫存的用品成本為 $2,160，因此，10 月份用品已
　　耗用了 $13,680

(10)業主提領現金 $60,000 支付其個人的帳單

根據會計恆等式，試分別指出上述交易事項(1)至(10)，符合下表 a.～ e.哪一
個項目的敘述？

　a.資產增加，其他資產減少。

　b.資產增加，負債增加。

　c.資產增加，業主權益增加。

　d.資產減少，負債減少。

　e.資產減少，業主權益減少。

5.張先生獨自創立並經營饗食餐飲店，下表列示 2015 年 7 月份發生的交易事
　項之摘要。其中每一列分別以(1)～(7)的數字指出交易事項對會計恆等式的
　影響。除了交易(5)以外，每一項業主權益的增加或減少均與淨利的變動有
　關。

	現金	+	用品	+	土地	=	負債	+	業主權益
餘額	144,000		18,000		720,000		180,000		702,000
(1)	+360,000								+360,000
(2)	−48,000				+48,000				
(3)	−270,000								−270,000
(4)			+12,000				+12,000		
(5)	−36,000								−36,000
(6)	−127,200						−127,200		
(7)			−19,200						−19,200
餘額	22,800		10,800		768,000		64,800		736,800

分別說明每一項交易事項的情況。

　a. 2015 年 7 月份「現金」的變動為多少？

　b. 2015 年 7 月份「業主權益」的變動為多少？

c. 2015 年 7 月份的「淨利」為多少？

d. 2015 年 7 月份產生的淨利，有多少保留在企業中？

6. 甲、乙、丙、丁公司分別為四家獨資企業，下列部分財務資訊顯示四家公司在 2015 年 1 月 1 日及 12 月 31 日均具有相同的總資產與總負債：

	總資產	總負債
1/1	$ 9,000,000	$3,600,000
12/31	$14,400,000	$7,800,000

根據以下補充的資訊，分別計算甲、乙、丙、丁公司四家公司在 2015 年度期間產生的淨利或淨損為多少？（提示：首先判斷 2015 年度業主權益增加或減少的金額）

甲公司：業主在 2015 年度期間，沒有額外的投資或提取。

乙公司：業主在 2015 年度期間，沒有額外的投資，但提取了 $720,000。

丙公司：業主在 2015 年度期間，額外投資 $1,800,000，但沒有提取。

丁公司：業主在 2015 年度期間，額外投資 $1,800,000，且提取 $720,000。

7. 已知 2015 年 1 月 1 日陳先生資本為 $288,000 的貸方餘額，在 2015 年度期間，該獨資企業產生了 $144,000 的損失，且陳先生曾提取 $120,000。

　⑴試問：2015 年 12 月 31 日陳先生資本的餘額為多少？

　⑵假設沒有任何紀錄上的錯誤，試問：2015 年 12 月 31 日資產負債表的餘額為多少？請解釋。

8. 已知甲公司在 2015 年 8 月份收到現金 $7,507,200,且支出現金 $7,080,000。

　⑴以上敘述是否表示甲公司在 2015 年 8 月份產生 $427,200 的淨利？請解釋。

　⑵若在 2015 年 8 月 31 日現金項目的餘額為 $631,200,則 2015 年 8 月 1 日的現金項目餘額為多少？

9. 試分別回答以下問題：

　⑴已知若水公司在 2015 年 6 月 1 日的現金餘額為 $92,400，該公司在 6 月份期間共收到 $284,400 的現金，使得 2015 年 6 月 30 日的現金餘額為 $99,600。試問：若水公司在 6 月份的現金支出金額為多少？

⑵已知黃山公司在 2015 年 5 月 1 日的應收帳款餘額為 $444,000，該公司在 5 月份從賒購的顧客手中收取 $504,000 的欠款，使得該公司在 2015 年 5 月 31 日的應收帳款餘額為 $660,000。試問：黃山公司在 2015 年 5 月份賒銷給顧客多少金額？

⑶已知黑龍江公司在 2015 年 1 月份共償還債權人 $1,452,000，該公司在 2015 年 1 月份另外再賒購 $1,864,800 的貨款，使得該公司在 2015 年 1 月 31 日的應付帳款餘額為 $744,000。試問：黑龍江公司在 2015 年 1 月 1 日的應付帳款餘額為多少？

10.試分別將下列⑴至⑺的 7 項交易事項，記錄在會計項目的 T 字帳中。

⑴業主劉先生投資現金 $144,000、設備 $182,400 及汽車 $288,000，創立劉氏企業

⑵以現金預付兩年的保險費 $115,200

⑶購買辦公用品，支付現金 $21,600

⑷賒購辦公用品 $7,200 及設備 $232,800

⑸提供顧客服務，立即收到現金 $108,000

⑹償還供應商欠款 $38,400

⑺以現金支付瓦斯與郵電費用 $19,680

11.欣欣快遞 2016 年 3 月份發生下列交易：

⑴業主投資現金 $200,000，成立快遞中心

⑵購買辦公設備 $100,000，支付現金

⑶賒購文具用品 $6,500

⑷預收顧客遞送月費 $1,200

⑸支付租金費用 $500

⑹代替顧客送貨，應收服務費 $600，尚未收現

⑺購買機車一部 $30,000，支付現金 $5,000，餘款暫欠

⑻收到顧客償還欠款 $600

⑼償還賒購文具所欠帳款 $6,500

⑽支付水電費 $900

試分析上列交易，並完成下表。

交易	借記			貸記		
	類別	會計科目	增（減）	類別	會計科目	增（減）
(1)	資產	現金	增加	權益	業主資本	增加

12.下列為美美印刷行之日記帳，試根據上列資料，說明美美印刷行所發生之交易事項。

2016 年		會計科目及摘要	類頁	借方金額	貸方金額
月	日				
2	10	應收帳款		3,000	
		勞務收入			3,000
	12	機器		150,000	
		現金			50,000
		應付帳款			100,000
	15	預付保險費		6,000	
		現金			6,000
	16	現金		5,000	
		預收勞務收入			5,000
	20	應付帳款		8,500	
		現金			8,500
	25	現金		10,000	
		應收帳款			10,000
	29	薪資費用		50,000	
		應付薪資			50,000

13.薪揚清潔中心 2016 年 1 月底 T 字帳各帳戶內容如下：

現金		
(1) 100,000	(10)	3,000
(3) 5,000		
(5) 6,500		

應收帳款	
(2) 1,000	

預付費用		
(6) 4,000	(7)	1,000

辦公設備	
(4) 200,000	

運輸設備	
(8) 50,000	

應付帳款		
(10) 3,000	(4)	150,000
	(8)	50,000

預收收入	
	(3) 5,000

業主資本	
	(1) 100,000

業主提取	
(9) 500	

勞務收入	
	(2) 1,000
	(5) 6,500

保險費	
(7) 1,000	

水電瓦斯費	
(9) 500	

由於薪揚清潔中心並無專任會計人員，致現金帳戶餘額有誤，但其他帳戶餘額均無錯誤。試根據上述資料找出錯誤之交易記錄，並計算正確之現金餘額。

14. 雅苓商行於 2016 年 1 月初成立，由於業主不諳會計實務，店中僅設置一本現金收支簿。2016 年 1 月 31 日止，該店現金收支簿之內容如下列所示：

2016 年		摘要	金額
月	日		
1	10	業主投入資本	$ 150,000
	11	顧客預付服務費	3,000
	15	購買辦公設備	(75,000)
	15	收到顧客所付服務費	2,000
	15	購買文具用品	(12,000)
	23	預付六個月保險費	(6,000)
	25	收到顧客服務費	3,000

28	業主提取現金自用	(10,000)
30	收到顧客服務費	1,200
30	支付 22 日賒欠之部分帳款	(5,000)
31	支付水電費	(800)

其他不影響現金的交易包括：

⑴1 月 18 日為顧客服務，應得 $2,500，尚未入帳

⑵1 月 22 日賒購辦公設備 $20,000

試計算各科目正確餘額，並完成下列資產負債表。

資　產		負　債	
現金	?	應付帳款	?
應收帳款	?	預收勞務收入	?
用品盤存	?		
預付保險費	?	權　益	
辦公設備	?	業主資本 (1/31)	?
資產總額	?	負債及權益總額	?

15.試將下列交易記入 T 字帳中：

⑴業主投資現金 $120,000

⑵賒購機器 $55,000

⑶支付店面租金 $20,000

⑷借款 $30,000，並開立一張六十天期之票據

⑸支付員工薪資 $8,000

⑹勞務收入 $28,000，其中 $15,000 收現

⑺支付交易⑵之欠款

⑻收到電費帳單 $1,300

⑼客帳 $13,000 收現

⑽現金購買辦公設備 $29,000

第七章

平時會計處理程序：
分錄、過帳與調整前試算表

前　言

　　上一章已藉由會計恆等式分析企業所發生的交易事項，再以表格加以彙整所有交易事項的累計結果。然而，企業每日所發生的交易事項種類繁多，上述處理方式顯得不切實際且浪費人力、物力。

　　有鑑於此，本章主要針對企業在正常的營業活動過程中，如何將每日所發生的成千上萬個交易或事項，透過基本的會計程序加以記錄與處理。此外，運用借貸法則及複式簿記原理之基礎，描述並記錄交易事件於日記簿的過程，以及如何過帳至分類帳，使得會計處理過程中實際的帳務處理方式，產生一致性的遵循原則。

　　最後，透過試算表的編製，以驗證前述會計處理程序是否正確，並針對錯誤予以矯正。

學習架構

■ 瞭解如何運用借貸法則與複式簿記原理進行交易事項的記載程序。

■ 瞭解如何編製試算表。

7-1 交易流程的記錄程序：作分錄與過帳

實務上，一般企業運用以下三項步驟進行交易流程的記載：

1. 根據交易發生的原始憑證，運用會計恆等式進行交易分析。
2. 以複式簿記原理為基礎於日記簿 (Journal) 中記錄每筆交易，在日記簿中記錄交易的過程稱為作分錄 (Journalizing)。因此，日記簿中按交易事件發生的時間先後順序以流水式加以記載每筆交易之完整的記錄，同時顯示每筆交易的借方及貸方金額。
3. 將分錄由日記簿中移轉至分類帳 (Ledger)，此項過程稱為過帳 (Posting)。

上述交易流程的記載程序週而復始不斷地重複。第一個步驟已於上一章講解，本章著重於第二、三個步驟之詳細說明。

一、作分錄

企業通常按照交易事件發生的時間先後順序加以記載每筆交易之記錄，因此，日記簿是一企業原始交易的記載帳簿，企業可以使用許多不同的日記簿，但一般均採用普通日記簿 (General Journal)，以針對每一筆交易事件，顯示特定會計項目的借方與貸方之效果。

普通日記簿一般包含每筆交易的重要資訊，例如：⑴交易日期；⑵會計項目名稱與交易摘要；⑶每項借方及貸方金額；⑷會計項目之分類帳編碼（過帳備註）。電腦化日記簿通常設計與人工日記簿很類似。

日記簿在交易流程的記載過程中所具有的貢獻包括：

1. 揭露企業完整的交易事件。
2. 提供交易事件按照其發生的時間先後順序之記錄。
3. 由於日記簿中同時呈現借方與貸方的金額，可避免錯誤的發生。

以下列示優美公司記錄於普通日記簿中的前兩筆交易，股東王大中於 2015 年 10 月 1 日投資現金 $300,000 以換取該公司的普通股。此外，優美公司於 2015 年 10 月 2 日以現金購買用品 $25,000。在日記簿的右上方列示頁碼第一頁，表示優美公司在普通日記簿的第一頁記錄這兩筆交易。

		普通日記簿			第 1 頁
日期		項目名稱及摘要	過帳備註	借方	貸方
2015 年 10 月	1 日	現金		300,000	
		業主資本——王大中			300,000
		（業主投資）			
	2 日	用品		25,000	
		現金			25,000
		（現金購買用品）			

　　在普通日記簿中記錄分錄應依循下列標準的步驟：

1.將交易日期記入日期欄

　　將年分放在第一欄的上方，月分放在日記簿分錄的第一行，日期放在每筆分錄第二欄的第一行。

2.記載借方的會計項目名稱

　　參閱會計項目表以選擇適當的項目名稱，首先記在項目名稱及摘要欄的左側，同時於借方欄位與借方項目同一行處記入借方金額。

3.記載貸方的會計項目名稱

　　參閱會計項目表以選擇適當的項目名稱，記在項目名稱及摘要欄的左側並予以縮排，於貸方欄位與貸方項目同一行處記入貸方金額。

4.在分錄的下一行記載交易的摘要

　　可參考原始憑證以瞭解交易的原貌，摘要勿與貸方項目名稱對齊，以免混淆。

5.每個分錄中間空一行

　　以方便辨識與閱讀。

6.填寫過帳備註欄位之會計項目編碼

　　記錄交易時，過帳備註欄是空白的。當分錄過帳至分類帳時，個別的會計項目編碼才輸入過帳備註欄。

　　若分錄的借方與貸方均只有使用一個會計項目，則稱為簡單分錄 (Simple Entry)。然而，某些交易事件的借方或貸方牽涉到兩個（或兩個以上）的會計項目，則稱為複合式分錄 (Compound Entry)。例如：優美公司於 2015 年 10 月 5 日以購置市價 $400,000 的運輸設備，其中 $150,000 以現金支付，餘款則協議開立公司本票於三個月後支付，該公司的分錄記載如下：

普通日記簿					第 1 頁
日期		項目名稱及摘要	過帳備註	借方	貸方
2015 年 10 月	5 日	運輸設備 　現金 　應付票據 　（購置運輸設備，部分付現、部分開立本票於三個月後還清）		400,000	150,000 250,000

　　作分錄時切記借方項目必須列示於貸方項目之前，且必須採用正確且明確的會計項目，以免造成財務報表的錯誤報導。會計項目的名稱必須能確實地反映該項項目的內容。企業一旦採用某項會計項目的名稱，後續類似的交易事件最後能連貫地採用該名稱，以使報表具有一致性之比較意義。

二、過帳

　　一般會計學的教科書為方便起見，常以 T 字帳作為範例解釋之參考格式。然而，實務上，會計項目的分類帳格式卻更具結構性，其中常見的標準格式具有借方金額、貸方金額、餘額之三欄式項目 (Three-column Form of

Account)，故稱為「餘額式分類帳」(Balance Column Accounts)。

　　餘額式分類帳和 T 字帳同樣均有借方與貸方欄位，但其還包括交易日期和摘要欄位，在每筆分錄之後還有餘額欄位。例如：優美公司的現金項目之餘額式分類帳如以下所示，2015 年 10 月 1 日王大中投資 $300,000，產生 $300,000 借方餘額；2015 年 10 月 2 日購買用品支付現金 $25,000，產生 $275,000 的借方餘額；2015 年 10 月 5 日購置運輸設備支付現金 $150,000，借方餘額減少至 $125,000。

　　使用餘額式分類帳時，餘額欄位不會顯示借餘或貸餘，項目通常都假設為正常餘額。每個項目（資產、負債、業主權益、收入及費用）的正常餘額依據增加時記錄在借方或貸方時而定。

現金						項目編號 101
日期		摘要	過帳備註	借方	貸方	餘額
2015 年						
10 月	1 日		G1	300,000		300,000
	2 日		G1		25,000	275,000
	5 日		G1		150,000	125,000

　　過帳是將分錄由日記簿中移轉至分類帳 (Ledger) 的過程，目的是將日記簿中的交易事件在特定的個別項目中加以累計。為確保分類帳的時效，分錄最好盡快完成過帳程序，可能是每天、每星期或時間允許的時候，所有的分錄都必須在會計期間結束時完全過至分類帳，以確使財務報表編製時，會計項目的餘額是更新到最新的正確金額且與事實相符。分錄由日記簿過帳至分類帳時，日記簿分錄是借方，在分類帳也必須是借方，通常的過程是先過借方、再過貸方。以下列示過帳的四個關鍵步驟：

1. 過入分類帳的借方項目：記入日期、日記簿頁數、金額及餘額。
2. 在日記簿的過帳備註欄中，輸入分類帳借方項目的編碼。

3.過入分類帳的貸方項目：記入日期、日記簿頁數、金額及餘額。

4.在日記簿的過帳備註欄中，輸入分類帳貸方項目的編碼。

　　茲以優美公司在 2015 年 10 月份第一筆交易為例，說明過帳的步驟如下：

普通日記簿　　　　　　　　　　　　　　　　　　　第 1 頁

日期		項目名稱及摘要	過帳備註	借方	貸方
2015 年 10 月	1 日	現金	101	300,000	
		業主資本－王大中 （業主投資）	301		300,000

現金　　　　　　　　　　　　　　　　　　　項目編號 101

日期		摘要	過帳備註	借方	貸方	餘額
2015 年						
10 月	1 日		G1	300,000		300,000

業主資本－王大中　　　　　　　　　　　　項目編號 301

日期		摘要	過帳備註	借方	貸方	餘額
2015 年						
10 月	1 日		G1		300,000	300,000

　　過帳程序必須按照交易發生的時間先後順序完成。換言之，企業的會計人員必須先將第一筆交易的借方與貸方分錄過帳完成後，再進行下一筆交易

的過帳程序。因此，過帳的程序必須即時完成，以確使每一個分類帳的項目餘額均為更新至最新的狀態。分類帳上的摘要欄位通常會被省略不記，因為由分類帳的過帳備註欄位便可追蹤至日記簿的頁碼，立即找到日記簿上原始交易的摘要之記載內容。

三、作分錄與過帳之釋例

以下將以前一章的「趙王投資諮詢顧問公司」為例，說明如何運用複式簿記原理以協助企業作分錄與過帳之交易處理，茲以四個步驟分析交易如下：

(1)檢視交易事件與原始憑證。

(2)運用會計恆等式進行交易的分析。

(3)根據複式簿記原理將交易事件於日記帳上作分錄及過帳（為簡化起見，過帳時均過至 T 字帳，可視為簡單分類帳）。

(4)編製試算表，以驗證上述程序之正確性。

交易事項 1：業主（股東）出資設立公司

2015 年 1 月 1 日，趙大中與王小平共同成立一家提供投資諮詢顧問的公司，趙大中與王小平兩人共同以購買股份的方式出資並共同經營此間投資諮詢顧問公司，主要提供投資大眾或企業界如何進行有效的投資之相關的諮詢與顧問的服務。

因此，2015 年 1 月 1 日趙大中與王小平兩人分別由其銀行戶頭內提領了現金共計 $150,000 並以交換該公司價值 $150,000 的一般普通股，然後便到銀行開立了以「趙王投資諮詢顧問公司」為名義的銀行戶頭，並將 $150,000 現金存入銀行存款帳戶內。此項交易事項使得趙王投資諮詢顧問公司的「資產」項下的現金及「權益」項均增加 $150,000，運用會計恆等式分析可以下列方式表達：

基本分析

「資產」當中的現金增加 $150,000，同時「權益」當中的股本也增加了 $150,000。

資產	=	負債	+	股東權益
現金	=			股本
(1/1)　+$150,000				+$150,000 投資

經由交易分析結果顯示：「趙王投資諮詢顧問公司」有一項資產為現金 $150,000，沒有負債，股東權益為 $150,000。此項權益的增加係業主（股東）投資，特別注意會計恆等式的平衡。

作分錄

普通日記簿				第 1 頁
日期	項目名稱及摘要	過帳備註	借方	貸方
2015 年 1 月　1 日	現金 　　股本－普通股 　　（發行普通股以交換現金）	101 311	150,000	 150,000

過　帳

現金	101		股本－普通股	311
1/1　150,000			1/1　150,000	

交易事項 2：以現金購買設備

2015 年 1 月 2 日「趙王投資諮詢顧問公司」以現金 $70,000 購買電腦設備以供營運上使用。

基本分析

此交易一方面增加「資產」的「設備」，另一方面減少「資產」的「現金」，故資產總金額不變。換言之，總資產仍為 $150,000，其中原始投資之股

本金額仍為 $150,000。

資產			=	負債	+	股東權益
現金	+	設備	=			股本
(1/1) +$150,000						+$150,000 投資
(1/2) −70,000		+$70,000				
新餘額 $150,000 + $70,000 − 70,000 = $150,000			=			$150,000

作分錄

普通日記簿					第 1 頁
日期		項目名稱及摘要	過帳備註	借方	貸方
2015 年 1 月	2 日	設備	157	70,000	
		現金	101		70,000
		（以現金購置設備）			

過 帳

設備	157		現金	101
1/2　70,000			1/2　70,000	

交易事項 3：賒購用品

2015 年 1 月 5 日「趙王投資諮詢顧問公司」向供應商賒購一批電腦報表紙的用品，以供辦公使用，金額為 $16,000，供應商同意該公司下個月再付款。

基本分析

　　此交易一方面增加「資產」的「用品」$16,000，由於承諾以日後付款方式取得用品，使其負債為 $16,000，故增加「負債」的「應付帳款」$16,000。

			資產			=	負債	+	股東權益
	現金	+	用品	+	設備	=	應付帳款		股本
(1/1)	+$150,000								+$150,000 投資
(1/2)	−70,000				+$70,000				
(1/5)			+$16,000				+$16,000		
新餘額	$150,000	+	$16,000	=	$166,000	=			$166,000

作分錄

		普通日記簿			第 1 頁
日期		項目名稱及摘要	過帳備註	借方	貸方
2015 年1 月	5 日	用品 　應付帳款 　（賒購用品一批）	126201	16,000	16,000

過帳

用品　　126		應付帳款　　201	
1/5　16,000			1/5　16,000

交易事項 4：提供服務收取現金

　　2015 年 1 月 8 日提供諮詢服務收到 $12,000 的現金，此項交易代表該公

司創造收益的主要活動。會計恆等式反映「現金」及「股東權益」各增加 $12,000，其中股東權益增加則是反映該公司賺得的收入。

基本分析

　　此交易一方面增加「股東權益」的「勞務收益」$12,000，另一方面增加「資產」的「現金」$12,000。

	資產				=	負債	+		股東權益	
	現金	+	用品	+	設備	= 應付帳款		股本	+	保留盈餘 收益－費用－股利
(1/1)	+$150,000							$150,000		
(1/2)	−70,000				+$70,000					
(1/5)			+$16,000			+$16,000				
(1/8)	+12,000									收益 +$12,000 勞務收入
新餘額	$165,000 + $12,000 = $178,000					=		$178,000		

作分錄

普通日記簿					第 1 頁
日期		項目名稱及摘要	過帳備註	借方	貸方
2015 年 1 月	8 日	現金 　勞務收入 　（提供諮詢服務收到現金）	101 400	12,000	 12,000

過帳

現金		101			勞務收入		400
1/8	12,000					1/8	12,000

交易事項 5： 賒購廣告

2015 年 1 月 9 日「趙王投資諮詢顧問公司」在《經濟日報》刊登一則有關該公司商品的廣告，收到一張金額 $2,500 的帳單，報社同意該公司日後再予支付廣告費用的款項。此項交易事項導致該公司的負債增加、權益的減少。

基本分析

由於承諾以日後付款方式取得廣告之刊登，此交易一方面增加「負債」的「應付帳款」$2,500，另一方面產生了一項廣告費用，使其「廣告費用」(Accounts Payable) 增加了 $2,500，造成淨利減少 $2,500、導致「權益」亦減少 $2,500。

	資產			=	負債	+		股東權益	
	現金	+ 用品	+ 設備	= 應付帳款		股本	+	保留盈餘 收益–費用–股利	
(1/1)	+$150,000					$150,000			
(1/2)	−70,000		+$70,000						
(1/5)		+$16,000			+$16,000				
(1/8)	+12,000						收益	+$12,000 勞務收入	
(1/9)					+2,500		費用	−$2,500 廣告費用	
新餘額	$178,000		=		$178,000 + $2,500 − $2,500 = $178,000				

作分錄

普通日記簿					第 1 頁	
日期		項目名稱及摘要	過帳備註	借方	貸方	
2015 年 1 月	9 日	廣告費用 　應付帳款 　（賒欠一筆廣告費用）	728 201	2,500	2,500	

過帳

	廣告費用		728		應付帳款		201
1/9	2,500					1/9	2,500

交易事項 6：提供服務部分收取現金、部分賒銷

2015 年 1 月 12 日「趙王投資諮詢顧問公司」提供顧客諮詢顧問服務，產生了勞務收入 $35,000，然而顧客僅支付現金 $15,000，剩餘的 $20,000 承諾日後再付。此項交易事項導致該公司的資產與權益同時增加。

基本分析

由於顧客承諾日後再支付剩餘的款項，此交易一方面增加「資產」的「現金」$15,000，同時該公司對顧客產生一項應收款項的請求權，亦即增加「資產」的「應收帳款」$20,000，另一方面增加一筆勞務收入 $35,000，使得該公司的淨利增加、「權益」亦增加 $35,000。

	資產				=	負債	+		股東權益	
	現金	+ 應收帳款	+ 用品	+ 設備	=	應付帳款		股本	+	保留盈餘 收益－費用－股利
(1/1)	+$150,000							$150,000		
(1/2)	−70,000			+$70,000						
(1/5)			+$16,000			+$16,000				
(1/8)	+12,000								收益	+$12,000 勞務收入
(1/9)						+2,500			費用	−2,500 廣告費用
(1/12)	+15,000	+$20,000							收益	+35,000 勞務收入
新餘額		$178,000 + 35,000 = $213,000			=			$178,000 + $35,000 = $213,000		

作分錄

普通日記簿					第1頁
日期		項目名稱及摘要	過帳備註	借方	貸方
2015年1月	12日	現金	101	15,000	
		應收帳款	105	20,000	
		勞務收入	400		35,000
		（提供顧客諮詢顧問服務收入，部分收現、部分賒欠）			

過 帳

現金		101		應收帳款		105
1/12	15,000			1/12	20,000	

勞務收入		400
	1/12	35,000

交易事項 7：以現金支付費用

　　2015年1月15日「趙王投資諮詢顧問公司」支付以下的費用：支付承租店面租金 $6,000 予房東，租金的支付使該公司可在成立的1月當月使用該店面。此外，公司支付員工薪資 $9,000 以及水電費 $2,000。

基本分析

　　由於公司以現金支付營業費用，此交易一方面減少「資產」的「現金」$17,000，同時增加三項費用（租金費用、薪資費用、水電費）計 $17,000，使得該公司的淨利減少、「權益」亦減少 $17,000。

	資產					=	負債	+		股東權益	
	現金	+	應收帳款	+ 用品 +	設備	=	應付帳款		股本	+	保留盈餘 收益−費用−股利
(1/1)	+$150,000								$150,000		
(1/2)	−70,000				+$70,000						
(1/5)				+$16,000			+$16,000				
(1/8)	+12,000										收益 +$12,000 勞務收入
(1/9)							+2,500				費用 −2,500 廣告費用
(1/12)	+15,000		+$20,000								收益 +35,000 勞務收入
(1/15)	−17,000										費用 −6,000 租金費用 −9,000 薪資費用 −2,000 水電費用
新餘額		$213,000 − $17,000 = $196,000				=		$213,000 − $17,000 = $196,000			

作分錄

		普通日記簿			第 1 頁
日期		項目名稱及摘要	過帳備註	借方	貸方
2015 年 1 月	15 日	租金費用	729	6,000	
		薪資費用	726	9,000	
		水電費	727	2,000	
		現金	101		17,000
		（現金支付租金費用、薪資費用、水電費）			

過帳

現金		101		薪資費用		726
	1/15	17,000		1/15	9,000	

租金費用		729
1/15	6,000	

水電費		727
1/15	2,000	

交易事項 8：償還應付帳款

2015 年 1 月 18 日「趙王投資諮詢顧問公司」償還先前（1 月 9 日）所欠《經濟日報》之刊登廣告費用 $2,500。

基本分析

由於公司以現金償還應付帳款，此交易一方面減少「資產」的「現金」$2,500，同時減少「負債」的「應付帳款」$2,500。

	資產				=	負債	+	股東權益	
	現金 +	應收帳款 +	用品 +	設備	=	應付帳款	股本 +	保留盈餘 收益-費用-股利	
(1/1)	+$150,000						$150,000		
(1/2)	−70,000			+$70,000					
(1/5)			+$16,000			+$16,000			
(1/8)	+12,000							收益 +$12,000	勞務收入
(1/9)						+2,500		費用 −2,500	廣告費用
(1/12)	+15,000	+$20,000						收益 +35,000	勞務收入
(1/15)	−17,000							費用 −6,000	租金費用
								−9,000	薪資費用
								−2,000	水電費用
(1/18)	−2,500					−2,500			
新餘額	$196,000 − $2,500 = $193,500				=	$196,000 − $2,500 = $193,500			

作分錄

普通日記簿					第 1 頁
日期		項目名稱及摘要	過帳備註	借方	貸方
2015 年 1 月	18 日	應付帳款 　　現金 　（償還先前所欠《經濟 　日報》之刊登廣告費用）	201 101	2,500	2,500

過 帳

```
      現金        101              應付帳款       201
         | 1/18   2,500      1/18    2,500 |
```

交易事項 9：應收帳款收現

　　2015 年 1 月 22 日「趙王投資諮詢顧問公司」收到先前（交易事項 6）顧客所欠之帳款 $6,000，此項交易並不影響總資產，但卻造成資產構成項目之內容產生變動。

基本分析

　　公司收到現金，因此，此交易一方面增加「資產」的「現金」$6,000，同時減少「資產」的「應收帳款」$6,000。

資產				=	負債	+	股東權益	
現金 +	應收帳款 +	用品 +	設備 =		應付帳款		股本 +	保留盈餘 收益−費用−股利
(1/1) +\$150,000							\$150,000	
(1/2) −70,000			+\$70,000					
(1/5)		+\$16,000			+\$16,000			
(1/8) +12,000								收益 +\$12,000 勞務收入
(1/9)					+2,500			費用 −2,500 廣告費用
(1/12) +15,000	+\$20,000							收益 +35,000 勞務收入
(1/15) −17,000								費用 −6,000 租金費用
								−9,000 薪資費用
								−2,000 水電費用
(1/18) −2,500					−2,500			
(1/22) +6,000	+6,000							
新餘額 \$193,500 + \$6,000 − \$6,000 = \$193,500				=			\$193,500	

作分錄

普通日記簿					第 1 頁	
日期		項目名稱及摘要	過帳備註	借方	貸方	
2015 年 1 月	22 日	現金	101	6,000		
		應收帳款	105		6,000	
		（收到 1/12 顧客所欠之帳款）				

過帳

現金		101		應收帳款		105
1/22	6,000				1/22	6,000

交易事項 10：發放股利

2015 年 1 月 25 日「趙王投資諮詢顧問公司」支付現金股利 $13,000 給予公司的兩位股東：趙大中與王小平，此項交易事項同時造成資產與股東權益之減少。

基本分析

由於公司支付現金股利，因此，此交易一方面減少「資產」的「現金」$13,000，同時產生「股利」$13,000，造成「股東權益」的減少。

	資產				=	負債	+	股東權益	
	現金 +	應收帳款 +	用品 +	設備	=	應付帳款	股本	+	保留盈餘 收益−費用−股利
(1/1)	+$150,000						$150,000		
(1/2)	−70,000			+$70,000					
(1/5)			+$16,000			+$16,000			
(1/8)	+12,000								收益 +$12,000 勞務收入
(1/9)						+2,500			費用 −2,500 廣告費用
(1/12)	+15,000	+$20,000							收益 +35,000 勞務收入
(1/15)	−17,000								費用 −6,000 租金費用 −9,000 薪資費用 −2,000 水電費用
(1/18)	−2,500						−2,500		
(1/22)	+6,000	+6,000							
(1/25)	−13,000								股利 −13,000
新餘額	$193,500 − $13,000 = $180,500				=		193,500 − $13,000 = $180,500		

作分錄

普通日記簿					第 1 頁
日期		項目名稱及摘要	過帳備註	借方	貸方
2015 年 1 月	25 日	股利	332	13,000	
		現金	101		13,000
		（支付現金股利給予公司的兩位股東：趙大中與王小平）			

過 帳

現金	101		股利	332
1/25	13,000		1/25	13,000

四、分錄與過帳之彙整

　　以下顯示「趙王投資諮詢顧問公司」10 筆交易的會計項目記錄及餘額，項目分為三欄：資產、負債及業主權益。首先必須注意：

1. 每一欄總額必須符合會計恆等式，資產等於 $180,500（現金 $80,500 ＋ 應收帳款 $14,000 ＋ 用品 $16,000 ＋ 設備 $70,000）；負債 $16,000（應付帳款）；業主權益 $164,500（股本 $150,000 － 股利 $13,000 ＋ 勞務收入 $47,000 － 薪資費用 $9,000 － 水電費 $2,000 － 廣告費 $2,500 － 房租費用 $6,000）；此數據必須符合會計恆等式：$180,500 = $16,000 + $164,500。

2. 資產、收入、費用及股利項目反映股東權益的變動。

資產	=	負債	+	股東權益

現金　101

(1/1)150,000	(1/2) 70,000
(1/8) 12,000	(1/15)17,000
(1/12)15,000	(1/18) 2,500
(1/22) 6,000	(1/25)13,000
餘額 80,500	

應收帳款　105

(1/12)20,000	(1/22) 6,000
餘額 14,000	

用品　126

(1/5) 16,000	
餘額 16,000	

設備　157

(1/2) 70,000	
餘額 70,000	

應付帳款　210

(1/18) 2,500	(1/5) 16,000
	(1/9) 2,500
	餘額 16,000

股本－普通股　311

	(1/1)150,000
	餘額150,000

股利　332

(1/25)13,000	
餘額 13,000	

勞務收入　400

	(1/8) 12,000
	(1/12) 5,000
	餘額 47,000

薪資費用　726

(1/15) 9,000	
餘額 9,000	

水電費　727

(1/15) 2,000	
餘額 2,000	

廣告費用　728

(1/9) 2,500	
餘額 2,500	

租金費用　729

(1/15) 6,000	
餘額 6,000	

$180,500	=	$16,000	+	$164,500

7-2 編製試算表

　　複式簿記原理要求借方項目餘額的加總必須等於貸方項目餘額的加總，試算表 (Trial Balance) 便是用來驗證經過帳後，所有分類帳之借方金額加總是否等於貸方金額之加總，透過試算表的編製可以協助偵測在作分錄或過帳的過程中是否產生錯誤。因此，試算表通常在會計年度終了時編製。試算表將會計項目按照資產、負債、權益、收入、費用之順序陳列。其中，分類帳的借方餘額陳列於試算表借方欄位、分類帳的貸方餘額陳列於試算表的貸方欄位，對於後續財務報表的編製，提供許多的便利性。

一、編製試算表 (Preparing a Trial Balance)

　　編製試算表的步驟包含：
1. 由分類帳取得每一項會計項目的名稱及其餘額，列示於試算表中。
2. 分別將試算表的借方餘額及貸方餘額加總。
3. 驗證借方餘額的總計是否等於貸方餘額之總計。

　　以下顯示「趙王投資諮詢顧問公司」10 筆交易過帳至分類帳後的試算表之編製。其中借方餘額總計為 $213,000，等於貸方餘額之總計 $213,000。

趙王投資諮詢顧問公司
試算表
2015 年 1 月 31 日

	借方金額	貸方金額
現金	$ 80,500	
應收帳款	14,000	
用品	16,000	
設備	70,000	
應付帳款		$ 16,000
股本－普通股		150,000

勞務收入		47,000
薪資費用	9,000	
水電費用	2,000	
廣告費用	2,500	
租金費用	6,000	
股利	13,000	
	$213,000	$213,000

　　若借方餘額總計不等於貸方餘額總計，則表示有錯誤存在。例如：若一項交易僅有借方金額過帳，則此項貸方金額漏記的錯誤將由試算表顯示出來。因此，編製試算表是一項偵測某些特定錯誤之必要的驗證程序。然而，即使借方餘額總計等於貸方餘額總計，並不表示沒有發生錯誤。

二、使用試算表之限制 (Limits of Using Trial Balance)

　　當試算表不平衡時，表示必有錯誤存在。通常發生錯誤的可能性如下：

1. 製作錯誤的分錄。
2. 借方與貸方項目的一方遺漏過帳。
3. 計算會計項目餘額時產生錯誤的餘額。
4. 試算表中填入錯誤的項目餘額。
5. 加總試算表金額時，加總錯誤。

　　然而，試算表卻無法保證必定免於錯誤的產生，當試算表的借方餘額總計等於貸方餘額總計時，仍然隱藏一些錯誤的可能性。換言之，若試算表平衡，表示沒有以上的錯誤產生，但並不表示完全沒有錯誤。例如：

1. 遺漏作分錄及過帳。
2. 分錄已作，但遺漏過帳。
3. 同一交易重複過帳兩次。
4. 作分錄及過帳時，使用錯誤的會計項目。亦即在分錄或過帳時，借貸方金

額正確，但會計項目錯誤，使得兩個會計項目的餘額不正確，但試算表仍
平衡。

5. 借貸方同時記錄錯誤的金額，使得兩個會計項目餘額不正確，但借貸方仍
相等。

上述範例顯示當試算表的餘額平衡時，試算表卻無法保證所有分錄及過
帳的過程均為正確。

三、找尋錯誤 (Searching for Errors)

若試算表沒有達到平衡，則務必在編製財務報表之前找出錯誤之處並予
以修正。試算表的錯誤大多來自於數學運算錯誤、過帳錯誤，或是轉登錄資
料時發生的錯誤。建議以一項交易事項的分錄、過帳及試算表編製過程之「逆
向順序」來尋找錯誤會比較有效。當面臨試算表沒有達到平衡時，首要工作
先計算試算表的借方總金額與貸方總金額之差額，之後再透過以下的步驟來
尋找錯誤發生之處：

1. 再度驗算試算表的總額是否正確。

2. 重新追蹤並驗證會計項目餘額是否正確地由分類帳中轉錄至試算表，若錯
誤金額可被 9 整除，往往是移位的錯誤，如：將 \$12 寫成 \$21。

3. 檢查借方（或貸方）餘額是否列為試算表中的貸方（或借方）餘額，這類
錯誤的線索是借方總額與貸方總額的差額剛好是錯誤項目餘額的兩倍。

4. 重新計算分類帳中每一個會計項目的餘額是否正確。

5. 驗證每一項交易事項的分錄是否正確地過帳至分類帳中，或每一個分類帳
的會計項目是否正確地轉錄至試算表，若上述兩種情況有遺漏的現象，則
錯誤的金額將無法被 2 或 9 整除。

6. 驗證分錄的借、貸方是否相等。

透過上述的程序，所有的錯誤應該會被發現。

四、格式討論 (Presentation Issues)

請特別注意在日記簿中作分錄及分類帳中並不標示貨幣符號，貨幣符號
通常僅出現在財務報表及試算表中，一般的習慣是將貨幣符號放在每一欄第

一個金額前，以及餘額雙線的第一個金額前；另一個作法是將貨幣符號放在每一欄第一個及最後一個數字前。

此外，當輸入金額於日記帳、分類帳及試算表時，通常在千分位處會加上逗號以區分出千、百萬等，金額通常會省略小數點後的數字並四捨五入至「元」。

練習題

一、選擇題

1. 甲公司按季編製財務報表，X8 年 6 月 30 日財務報表部分項目餘額如下：應付薪資 $80,000（按月支薪，當月支付上個月薪資，X8 年員工月薪未改變）、預收租金 $36,000（X8 年 5 月 1 日出租部分樓層，預收半年）、應收廣告收入 $420,000（X8 年 3 月 1 日訂定廣告合約，即日起提供每月廣告服務至 X8 年 9 月 30 日，到期收款）。試問 X8 年 4 月 1 日至 6 月 30 日薪資費用、租金收入及廣告收入合計之損益影響數為多少？

   (A) ($48,000)

   (B) $87,000

   (C) $93,000

   (D) $112,000　　　　　　　　　　　　　　　　　　　　104 年稅務

2. 張三於風景區開設民宿，並在遊客訂房時收取訂金，且隨即認列收入。X1 年 12 月，該民宿收到旅客所付之訂金共 $8,000，其中有 75% 係為 X2 年元月之訂房。試問，若該民宿未於 X1 年底作 12 月收取訂金之調整分錄，將使 X1 年之財務報表產生何種錯誤？

   (A)收入高估，資產高估

   (B)收入高估，負債低估

   (C)權益低估，負債低估

   (D)資產高估，負債高估　　　　　　　　　　　　　　　103 年地特

3. 甲公司在 X1 年 7 月 1 日預付 2 年期租金費用 $240,000，甲公司當時記錄為租金費用，X1 年及 X2 年底並未對此交易記錄作任何調整分錄，則對甲公司財務報表之影響，下列敘述何者正確？

   (A) X2 年底權益是正確的

   (B) X2 年淨利會高估

   (C) X1 年底負債會低估

   (D) X2 年底資產會高估　　　　　　　　　　　　　　　104 年初等

4. 在調整前試算表上顯示文具用品餘額為 $4,800，文具用品費用為 $0。若期

末盤點文具用品剩下存貨為 $2,000，則調整分錄應為

(A)借：文具用品　　　　　　　2,000　貸：文具用品費用　　　　　2,000
(B)借：文具用品　　　　　　　2,800　貸：文具用品費用　　　　　2,800
(C)借：文具用品費用　　　　　2,000　貸：文具用品　　　　　　　2,000
(D)借：文具用品費用　　　　　2,800　貸：文具用品　　　　　　　2,800

103 年地特

5.甲公司年底調整前試算表上之收入為 $30,000，費用為 $17,000，必須調整之事項為：預收收益已實現部分為 $2,500、本期折舊 $1,200 及已賺得但尚未入帳之收益有 $2,000，則本期淨利為何？

(A) $16,300

(B) $12,300

(C) $11,300

(D) $7,300　　　　　　　　　　　　　　　　　　103 年記帳士

6.甲公司預售音樂會門票，總共收到現金 $6,000,000，其會計記錄為

(A)借：銷貨 $6,000,000，貸：預收門票收入 $6,000,000

(B)借：預收門票收入 $6,000,000，貸：銷貨 $6,000,000

(C)借：現金 $6,000,000，貸：預收門票收入 $6,000,000

(D)借：現金 $6,000,000，貸：門票費用 $6,000,000　　　　103 年初等

7.甲公司期初資產 $50,000，負債 $20,000，本期淨利 $60,000，本期股東投資 $30,000，股利 $10,000，請問期末股東權益為何？

(A) $170,000

(B) $50,000

(C) $130,000

(D) $110,000　　　　　　　　　　　　　　　　　　102 年初等

8.公司賒購用品 $1,800，將使財務報表產生何種影響？

(A)資產減少 $1,800，收入增加 $1,800

(B)一種資產增加 $1,800，另一種資產減少 $1,800

(C)資產增加 $1,800，負債增加 $1,800

(D)資產減少 $1,800，權益增加 $1,800　　　　　　　　　101 年記帳士

9. 公司若將資本支出誤計為收益支出，對當年度財務報表之影響，下列敘述
何者正確？

(A)高估資產，高估淨利

(B)高估資產，低估淨利

(C)低估資產，高估淨利

(D)低估資產，低估淨利　　　　　　　　　　　　　　　103 年身心障礙

10. 玉里公司 4 月 30 日的日記簿分錄，包含下列事項　①以現金增資發行普通
股 $800,000　②支付 4 月份員工薪資 $260,000　③支付供應商貨款
$420,000　④新增銀行借款 $100,000。請問 4 月 30 日當天的交易對玉里公
司權益之影響為何？

(A)增加 $540,000

(B)增加 $120,000

(C)增加 $800,000

(D)增加 $20,000　　　　　　　　　　　　　　　　　　　101 年外交

二、問答題

1. 林先生最近通知一位客戶清償 $1,488,000 的服務費用。不幸地，這位客戶
並沒有足夠的現金來支付全部帳單，林先生同意其以下列的項目來支付所
有的款項：(1)現金 $240,000 (2)價值 $1,920,000 的電腦設備(3)對於這些電腦
設備有應付票據 $672,000 的義務。林先生在記錄這些交易所做的分錄包含
下列哪些項目？

(1)負債項目增加 $672,000

(2)現金項目增加 $240,000

(3)收入項目增加 $240,000

(4)林先生資本項目增加 $1,488,000

(5)收入項目增加 $1,488,000

2. 請編製普通日記簿並進行下列交易事項的分錄：

(1) 1 月 13 日，周先生投資現金 $1,680,000 與價值 $720,000 的設備成立了
一家命名為藍橋公司的庭園造景公司

(2) 1 月 21 日，藍橋公司賒購 $6,720 的辦公設備

(3) 1 月 29 日，藍橋公司提供庭園造景服務並同時收到現金 $1,873,600

3. 林小姐於 2015 年 8 月 1 日設立一家新企業，命名為美輝公司，請編製普通日記簿並完成該公司在 2015 年 8 月份下列交易事項的分錄：

8 月 1 日　業主林小姐投資現金 $156,000 和 $804,000 的照相設備。

　　 1 日　預先支付未來兩年的保險費 $50,400

　　 5 日　購買辦公室用品，支付現金 $21,120

　　 20 日　已賺得照相費用，收到現金 $79,944

　　 31 日　現金支付 8 月份的公共費用 $16,200

4. 高智公司的分類帳包含下列的會計項目：現金、應收帳款、用品、辦公設備、應付帳款、洪先生資本、洪先生提取、服務收入、租金費用、廣告費用、公共費用以及雜項費用。

請編製兩欄式的日記簿，並完成該公司在 2015 年 3 月份下列交易事項的分錄，分錄的解釋項目可以省略。

3 月 1 日　支付 3 月份的租金費用 $60,000

　　 2 日　支付廣告費用 $14,400

　　 4 日　購買用品，支付現金 $25,200

　　 6 日　賒購辦公設備 $108,000

　　 8 日　收到之前賒銷給客戶的現金 $86,400

　　 12 日　支付賒購的貨款 $51,600 給供應商

　　 20 日　洪先生由公司提取現金 $24,000 作為個人使用

　　 25 日　現金支付辦公設備的維修費用 $2,880

　　 30 日　支付 3 月份的電話帳單 $4,680

　　 31 日　賺得服務費並寄發給客戶這個月的帳單 $267,600

　　 31 日　支付 3 月份的電費 $67,200

5. 國展公司於在 2015 年 11 月 12 日賒購用品 $41,280，在該公司的會計項目編碼表中，「用品」項目是 No.15、「應付帳款」項目是 No.21。

　(1)針對 2015 年 11 月 12 日賒購用品的交易事項，請在國展公司兩欄式日記簿的第 29 頁作分錄，並說明分錄的解釋說明

　(2)編製四欄式的「用品」項目分類帳，其在 2015 年 11 月 1 日為借方餘額

　　$9,360，並以符號（✓）在過帳參考欄中表示已完成過帳之註記

　(3)編製四欄式的「應付帳款」項目分類帳，其在 2015 年 11 月 1 日為貸方
　　餘額 $232,344，並以符號（✓）在過帳參考欄中表示已完成過帳之註記

　(4)將 2015 年 11 月 12 日的分錄過帳至分類帳中

6. 下列為長青公司於 2015 年 9 月份的交易事項。

　(1)試將下列交易事項於兩欄式日記簿中作分錄，分錄的解釋項可以不用說
　　明。

　(2)將(1)部分所編製的分錄過帳至下列會計項目的 T 字帳中：現金、用品、
　　應收帳款、應付帳款、服務收入。

　　9 月 5 日：已賺得服務收入，同時寄給客戶帳單 $197,040

　　9 月 8 日：賒購用品 $25,680

　　9 月 16 日：從之前賒購的客戶手中收到現金 $147,600

　　9 月 23 日：支付上月賒購的貨款 $18,000 給供應商

7. 王氏企業的 T 字帳會計項目包括：現金、應收帳款、辦公用品、辦公設
　備、應付帳款、王先生資本、王先生提取、服務收入以及租金費用。試運
　用 T 字帳記錄王氏企業的下列 a~i 交易事項，以 a~i 交易事項的字母區分
　交易，並分別計算每一個 T 字帳項目的最後餘額，最後編製 2015 年 10 月
　31 日的試算表。（假設 2015 年 12 月 31 日為會計報表日）

　(1)王先生投資現金 $319,800 於王氏企業

　(2)以現金 $11,400 購買辦公用品

　(3)賒購辦公設備 $149,640

　(4)完成客戶的服務提供，並收取現金 $48,000

　(5)以現金清償 c 交易中，賒購辦公設備的應付帳款

　(6)完成客戶的服務提供，並對客戶開立提供服務的帳單 $79,200

　(7)以現金 $18,600 支付這個月的租金費用

　(8)收到 f 交易的應收帳款之現金 $55,200

　(9)王先生從企業中提取現金 $19,200 支付個人的帳單

8. 以下為運動器材代理商宏達公司 2015 年 12 月 31 日的試算表,由於該公司
　的試算表未能平衡，原因如下：

當檢視和其他記錄時，你發現下列狀況：

(1)現金分類帳的借方及貸方餘額分別為 $1,808,400 及 $1,295,400。

(2)寄發給賒購客戶的帳單 $24,000，並未被過帳至應收帳款分類帳中。

(3)償還賒購債權人的貨款 $36,000，並未被過帳至應付帳款分類帳中。

(4)預收租金的正確餘額應為 $66,000。

(5)設備項目的正確餘額應為 $1,632,000。

(6)每一個會計項目均應為正常餘額。

根據以上的說明，試編製正確的試算表。

宏達公司
試算表
2015 年 12 月 31 日

應收帳款	$　638,400	
預付保險費		$　　79,200
設備		2,064,000
應付帳款		298,800
預收租金		61,680
楊先生資本	2,198,760	
楊先生提取	240,000	
服務收入		1,558,560
薪資費用		801,600
廣告費用	64,800	
雜項費用		33,120
	$7,014,360	$2,832,960

9. 下列為黃氏企業於 2015 年 9 月份發生於分錄及過帳時之錯誤事項：

(1)業主黃先生提取 $480,000 時記錄成：借記「薪資費用」、貸記「現金」

(2)支付當月份租金費用 $72,000 時記錄成：借記「租金費用」與貸記「應付帳款」

⑶賒購用品 $18,000 時記錄成：借「雜項費用」、貸記「現金」

⑷收到之前賒銷商品的現金 $64,800 時記錄成：借記「應付帳款」、貸記「現金」

針對上述錯誤事項，試為黃氏企業作更正分錄。

10.黃先生於 2015 年 5 月 1 日創立一家名為黃河顧問諮詢公司，並於 2015 年 5 月份完成下列的交易事項。

5 月 1 日　　黃先生投資現金 $3,600,000 及價值 $528,000 的辦公設備

　　　1 日　　預付 3 個月的辦公室租金 $144,000

　　　2 日　　賒購辦公設備 $72,000 及辦公用品 $28,800

　　　6 日　　提供客戶諮詢服務，並立即收到現金 $96,000

　　　9 日　　提供客戶價值 $180,000 的諮詢服務，顧客承諾將於 30 天內支付

　　　10 日　　支付現金以清償 5 月 2 日賒購所產生的應付帳款

　　　19 日　　預先支付未來 12 個月的保險費 $120,000

　　　22 日　　收到 5 月 9 日提供服務的部分款項，金額為 $84,000

　　　25 日　　提供客戶諮詢服務，並簽發帳單 $91,680 交付顧客

　　　31 日　　支付黃先生個人帳單，金額為 $122,400

　　　31 日　　賒購額外的辦公用品 $14,400

　　　31 日　　以現金支付 5 月份的水電費帳單 $12,000

試作：

⑴編製普通日記簿針對 2015 年 5 月份的交易事項作分錄。

⑵建立下列的 T 字分類帳戶：現金 (100)；應收帳款 (106)；辦公用品 (124)；預付保險費 (128)；預付租金 (131)；辦公設備 (163)；應付帳款 (201)；黃先生資本 (301)；黃先生提取 (302)；服務收入 (403)；水電費用 (690)。將日記簿分錄過帳至 T 字分類帳，並計算分類帳戶之餘額。

⑶編製 2015 年 5 月份的試算表

11.下列為三合商行 2016 年 10 月 31 日以 T 字形帳戶所表示之分類帳各帳戶之內容，試編製 2016 年 10 月 31 日試算表。

現金	
12,773	13,144
1,328	831
3,091	
778	

應付票據	
	5,000

應收帳款	
1,244	3,091
4,318	
34,948	

應付帳款	
12,144	454
	1,265
	11,965

土地	
20,000	

應付所得稅	
731	946

房屋	
32,000	

應付抵押借款	
	28,000

辦公設備	
2,500	328
7,300	

張明資本	
	50,000
	22,000

運輸設備	
4,747	878

12. 林隆國於 2016 年 5 月 1 日創立隆國工程顧問中心,其 5 月份之交易如下列 T 字帳所示:

現金			
(1)	5,000	(2)	2,000
		(4)	500
		(6)	700
		(8)	300

應收帳款	
(5) 1,500	

用品盤存			
(3)	800	(7)	200

辦公設備		應付帳款		林隆國資本	
(2) 2,000		(6) 700	(3) 800		(1) 5,000

林隆國提取		勞務收入		租金費用	
(8) 300			(5) 1,500	(4) 500	

用品費用	
(7) 200	

該中心會計人員所編之 5 月 31 日試算表如下，試說明其中錯誤，並編製正確的試算表。

隆國工程顧問中心
試算表
2016 年 5 月 31 日

現金	$1,500	
應收帳款	1,500	
用品盤存	800	
辦公設備	2,000	
應付帳款		$ 100
林隆國資本		5,000
林隆國提取		300
勞務收入		5,100
用品費用	200	
合　計	$6,000	$10,500

13.下列為和平洗染店的會計科目表及開業第一個月的交易事項：

會計科目表

101	現金	302	張德功提取
102	應收帳款	401	勞務收入
104	用品盤存	502	薪資費用

109	辦公設備	503	租金費用
202	應付帳款	504	雜費
210	應付票據	520	利息費用
301	張德功資本		

2016 年 10 月份交易：

- 1 日　業主張德功投入現金 $80,000，設立和平洗染店
- 2 日　向三陽公司購買洗染用品 $8,600，言明三十天內付款
- 3 日　向平原商行購買辦公設備 $50,000，支付現金 $25,000，餘款開立三十天到期，年利率 8% 本票一紙抵付
- 4 日　支付房租 $13,500
- 6 日　洗染收入 $19,000 全部收到現金
- 8 日　支付雜費 $1,240
- 10 日　為顧客提供洗染服務，應得 $23,000，當即收到 $10,000，餘款暫欠
- 12 日　現購洗染用品 $7,000
- 13 日　支付雜費 $4,000
- 15 日　收到顧客還來欠款 $5,000
- 18 日　張德功提取現金 $2,100 自用
- 20 日　為顧客提供洗染服務，應得 $10,000，尚未收到現金
- 23 日　支付三陽公司貨欠 $8,600
- 27 日　收到顧客還來欠款 $3,000
- 29 日　支付員工薪資 $14,150
- 31 日　以現金 $25,167,償還購買辦公設備所開票據之欠款 $25,000 及利息 $167
- 31 日　向華祥公司賒購辦公設備 $5,000

試將上述交易：

(1)記入日記帳

(2)過入分類帳

(3)編製 2016 年 10 月 31 日試算表

14. 新竹傢俱修理行 2016 年 8 月 1 日分類帳各帳戶的餘額如下：

現金	$40,000	累計折舊——運輸設備	$ 5,400
應收帳款	10,000	應付票據	15,000
預付保險費	400	應付帳款	9,000
用品盤存	25,000	陳中建資本	63,000
運輸設備	17,000		

下列為 8 月份所發生的交易：

　　 1 日　支付 8 月份房租 $4,000

　　 3 日　應收帳款收現 $6,000

　　 7 日　支付到期之無息應付票據 $5,000

　　 8 日　替客戶修理傢俱，修理費 $24,000，客戶尚未付款

　 10 日　替客戶修理傢俱，收到現金 $3,000

　 12 日　賒購材料用品 $4,500

　 15 日　償還應付帳款 $7,000

　 18 日　應收帳款收現 $3,000

　 19 日　支付傢俱之運費 $100

　 21 日　支付 8 月份薪資 $6,500

　 22 日　購買一年期之保險，支付現金 $4,800

　 25 日　為客戶修理傢俱，收到現金 $3,500

　 27 日　以現金 $5,050 償還應付票據，其中 $50 為利息

　 28 日　業主提用 $5,000

　 30 日　收到客戶還來欠款 $6,000

試作下列事項：

(1)將上述交易記入日記帳

(2)設立下列各分類帳，將 8 月 1 日餘額填入，並將上列交易過入分類帳

11	現金	31	陳中建資本
12	應收帳款	32	陳中建提取
13	預付保險費	41	勞務收入
14	用品盤存	51	租金費用

15	運輸設備	52	薪資費用
16	累計折舊——運輸設備	53	運費
21	應付票據	59	利息費用
22	應付帳款		

(3)編製 2016 年 8 月 31 日試算表

15. 安泰保全社 2016 年 8 月 31 日分類帳各帳戶餘額如下：

應付帳款	$ 82,600	勞務收入	$365,800
應收帳款	67,200	薪資費用	30,000
預付費用	38,750	業主資本	200,000
預收收入	35,000	業主提取	5,000
土地	500,000	水電瓦斯費	2,640
辦公設備	75,000	用品費用	1,850
租金收入	50,000	現金	?

試作：

(1)計算現金餘額

(2)編製該社 2016 年 8 月 31 日試算表

第八章

期末會計處理程序：調整分錄與調整後試算表

前 言

　　上一章已介紹企業如何運用複式簿記原理將交易事項記載於日記簿的過程，以及如何過帳至分類帳並編製試算表，以瞭解並驗證會計處理過程中帳務處理程序之正確性，進而協助期末的財務報表之編製。本章則強調應計基礎的會計原理，以反應調整事項的必要性與重要性，使得期末財務報表能確實反映其與真實情況相吻合之事實。因此，本章著重於收入與費用類項目的入帳時點，以正確衡量某會計期間之淨利數。

學習架構

■ 瞭解會計年度與曆年制之差別。

■ 解釋應計基礎會計與現金基礎會計，透過收入與費用認定原則以瞭解應計基礎如何提升財務報表之使用價值。

■ 介紹調整事項的種類，並說明調整分錄的處理方式。

■ 解釋並編製調整後試算表。

■ 由調整後試算表編製財務報表。

8-1 會計報導之時效性

若必須等到企業結束了所有的營運活動並完成所有的交易事項紀錄以後，再來編製財務報表，那麼我們並不需要任何的調整工作。到那個時候，我們便可以透過最終的報表瞭解企業經營的全貌與最終的績效。然而，企業的營運活動是一個永續循環的過程，除非等到企業結束營業或宣告破產、關門大吉，否則上述的說法似乎顯得不切實際。

因為大多企業均需要立即瞭解其過去一段期間的經營成效，如：每個月的收支狀況，或每年的獲利情況以瞭解需繳納的稅捐金額。因此，會計人員有必要將企業永續的經濟壽命以人為的方式予以切割成一小段、一小段的期間，且每一小段的期間均相等，以使不同期間的經營績效便於比較，此項傳統的假設稱為**期間假設 (Time Period Assumption)** 或**定期性假設 (Periodicity Assumption)**。其中，每一段期間稱為**會計期間 (Accounting Period)**，如月、季、年。

許多的企業交易會牽涉或影響到一個以上的會計期間，因此，定期、按時地提供會計報導，在整個會計系統中便扮演十分重要的角色。

一、會計年度與曆年制

為提供即時的會計資訊，一般企業無論規模大小在其會計制度中均應定期地編製並提供財務報表，以供評估其財務狀況與營業結果。在此基礎之下，便形成了**會計期間原則 (Time Period Principle)**。

會計期間原則指的是假設企業組織的活動得以被人為地切割成特定的時間區間，會計期間通常為：一個月、三個月（一季）、六個月或一年。因此，財務報表所涵蓋的特定期間，稱為「會計報導期間」。

大多數企業係採「一年」為其會計期間的劃分方式，稱為會計年度 (Fiscal Year)，涵蓋該一年期間的財務報表，便稱為**年度財務報表 (Annual Financial Statement)**。許多企業亦使用**期中財務報表 (Interim Financial Statement)**，以報導其一個月、三個月（一季）、六個月之營業結果。例如：某些大規模企業甚至必須提供季報及年度財務報表。

1. 會計年度 (Fiscal Year)

指任意的連續 12 個月的一年期間。

年度報告期間不一定是按曆年制於 12 月 31 日結束，某些企業採取連續 12 個月所組成的會計年度，或採用 52 週為年報期間，例如：服飾品牌 GAP 的會計年度是在每年 1 月份的最後一星期開始到第二年的 2 月份第一個星期結束。

2. 曆年制 (Calendar Year)

(1)若會計年度的起訖日期為 1/1～12/31，則稱為曆年制。

(2)若會計年度的起訖日期為 7/1～次年 6/30，則稱為政府會計年度。

(3)若企業的營業額明顯地受季節因素的影響，而以企業的淡旺季作為劃分的會計年度的起訖日，則稱為自然營業年度 (Natural Business Year)，例如：會計年度的起訖日期為 3/1～次年 2/28。

若企業的營業活動在一年中不受季節的變異影響，則通常會採用曆年制做為其會計年度，例如：美國鋁業公司 Alcoa 的財務報表即表達截至 12 月 31 日的會計年度。然而，若企業的營業活動受到銷售季節的變異影響較大者，則通常會選擇與自然營業年度相關的會計年度，自然營業年度大約在 1 月 31 日聖誕假期結束之後，例如：沃爾瑪 Walmart、零售業者 Kmart、戴爾電腦 Dell、服飾品牌 FUBU。圖 8–1 為不同會計年度之比較。

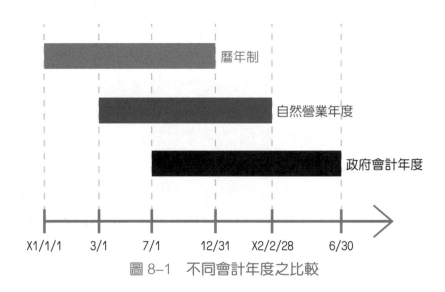

圖 8–1　不同會計年度之比較

二、應計基礎及現金基礎

1.應計基礎會計 (Accrual Basis Accounting)

在應計基礎會計之下，當交易事項一旦發生，則企業必須進行交易的記載。應計基礎會計主要提供企業認列收入以及收入費用配合的調整程序，意即收入及費用在賺得或發生時記錄，而非在現金取得或支付時記錄，以衡量會計期間之正確的淨利數。例如：當企業實際已銷售商品或提供勞務時，便應認定收入已賺得，同時認定為賺取收入而產生的費用已發生。

企業必須運用調整的程序，以認定已賺得的收入（當已賺取時），或將費用與收入相互配合、認定費用已發生。此意謂著：不管有無實際的現金收付，凡是收入已賺取、權利已實現；費用已發生、義務已產生，收入與費用便應入帳。應計基礎會計較能正確衡量企業的績效，而非只是現金收支的資訊；此外，應計基礎會計較能增加不同期間財務報表的可比較性。因此，應計基礎會計所編製的綜合損益表、財務狀況表、現金流量表及業主權益變動表與一般公認會計原則相符，亦符合「國際財務報導準則」(International Financial Reporting Standards, IFRS) 之規範。

應計基礎之「本期淨利」＝應計基礎之「現金收入－現金支出」

～符合 GAAP 及 IFRS

2.現金基礎會計 (Cash Basis Accounting)

在現金基礎會計之下，當「收到現金」時便記載「收入已賺取」；當「付出現金」時便記載「費用已發生」。例如：若企業在 12 月提供服務，但在 1 月才收現，則現金基礎會計在 1 月份才記錄收入，即該期間的現金基礎淨利是現金收入與支出的差額。

由於處理的方便性，使得現金基礎會計受到一般小規模企業的歡迎。然而，當企業實際已銷售商品或提供勞務時，未能立即認定收入已賺得，同時認定為賺取收入而產生的費用已發生，使得現金基礎會計常常造成財務報表的誤導。因此，在現金基礎會計所編製的綜合損益表、財務狀況表、現金流量表及業主權益變動表與一般公認會計原則並不相符，亦不符合「國際財務

報導準則」(International Financial Reporting Standards, IFRS) 之規範。

> 現金基礎之「本期淨利」=「現金收入－現金支出」
> ～非 GAAP 且非 IFRS，故使用價值較低

三、收入和費用之認定基礎：應計基礎（權責基礎）

不管有無實際的現金收付，凡是收入已賺取、權利已實現或費用已發生、義務已產生或便應入帳。

1.收入認定原則 (Revenue Recognition Principle)

收入認定原則要求收入在已賺得 (Earned) 時才能認列，亦即當商品已交付、勞務已提供予顧客，便可在該會計期間內認定收入已賺取，不能在之前或之後認列。當公司在提供服務及產品予客戶時認列已賺得的收入，則應透過「調整分錄」將已賺取的收入記入該收入所賺取的會計年度內。

例如：奇異公司在 12 月份提供顧問服務予客戶，表示收入在 12 月份已賺得，即使客戶在 12 月份以外的時間才付款，奇異公司仍須在 12 月份的損益報表中揭露收入已賺得。若客戶在下個月才付款，奇異公司應透過調整程序將已賺得的收入予以認列為收入，亦即在財務狀況表中增加「應收帳款」(Accounts Receivable)，同時在綜合損益表中增加「勞務收入」(Service Revenue)。

2.（收入與費用）配合原則 (Matching Principle)

配合原則之目的在於記錄同一會計期間內，為了賺取收入所付出之代價（成本、費用），換言之，只要已發生 (Incurred) 之成本、費用，無論是否付現，均應與其相關的利益、收入列記在同一會計年度內。

成本（費用）及利益（收入）的配合構成調整程序之主要部分。例如：奇異公司每月在租來的店面營業賺取營業收入，為賺取收入需要租場地，因此，配合原則要求「租金」必須在 12 月的綜合損益表中加以認列為「費用」，即使該項租金全部在 12 月之前或之後支付，配合原則要求必須在 12 月的綜合損益表中加以認列為「租金費用」，如此才能確保 12 月的租金費用與營業收入相互配合。若租金實際在下個月才支付，則奇異公司應透過調整程序將

已發生的租金予以認列為費用，亦即在財務狀況表中增加「應付帳款」
(Accounts Payable)，同時在綜合損益表中增加「租金費用」(Rent Expense)。
此種費用認定的會計處理原則，稱為**配合原則 (Matching Principle)**，又稱為
費用認定原則 (Expense Recognition Principle)。

　　收入與費用配合原則通常牽涉到需要預測相關的事件，當運用財務報表
進行分析時，有必要瞭解所需的估計，即使包括了不是非常精確的估計。例
如：華德迪士尼 (Walt Disney) 年報中揭露該公司的影片與電影製作收入相對
應配合的成本，是以目前收入除以預估收入總合的比率為基礎加以換算。

　　由於「收入與費用相互配合」，因此會計人員常針對某些項目加以預測，
或予以估計之。圖 8-2 為收入與費用配合原則之示意圖。

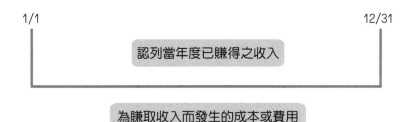

圖 8-2　收入與費用配合原則示意圖

8-2　基本的調整分錄

　　鑑於平時會計處理程序中，主要在記錄外部交易事項。當期末欲編製財
務報表之前，仍有些會計項目的帳戶情況已改變而必須調整，或因平時未記
而應補記在帳簿上，以確使帳上所記載的事項能與事實相符。換言之，為了
使收入認列在商品已售出或勞務已提供之會計年度內，並使費用認列在為創
造該收入且實際已發生的會計期間內。由於試算表未能包含所有即時性 (Up-
to-date) 與完整的內部事項，因此，企業必須透過調整分錄 (Adjusting
Entries)，以確使該企業確實遵循收入認定原則及配合原則。

◆企業在期末進行調整分錄的理由

1. 某些交易事項基於效率性的考量並未每日加以記載，例如：文具用品的耗用、員工每日的薪資、房屋或設備隨著時間經過的老舊等。例如：購入 $5,920 的文具用品盤存，到了 12 月 31 日時，應將已耗用的部分轉列為「用品費用」(Supplies Expense)，以反映用品已真正耗用且費用已發生之事實，並使帳上剩餘的「用品」(Supplies) 確屬真正尚未耗用掉之剩餘資產成本。

2. 某些資產的成本會隨著時間的經過而耗用，這些已耗用的成本在平時會計期間中並未加以記載。例如：房屋或設備隨著時間經過的老舊、預付保險費等。

若必達公司在 12 月 1 日的試算表顯示預付保險費餘額為 $2,400，此為 12 月 1 日開始預付兩年期的保險費金額。然而，到了 12 月 31 日時，必達公司已實際享受到保險公司所提供的 1 個月的保險保障，表示必達公司已實際發生 1 個月的保險費用，由於每個月的平均保險費為 $100 ($2,400/24 個月)，故到了 12 月 31 日時，預付保險費項目餘額必須減少 1 個月的成本，同時在 12 月份的綜合損益表中必須揭露 $100 的保險費用。此外，12 月 31 日的預付保險費之資產項目餘額尚需調整為 $2,300，此項調整反映必達公司還剩餘 23 個月的保險受益期間。換言之，必達公司在 12 月 1 日預付兩年期的保險費 $2,400（預付保險費），則 12 月 31 日應調整其中 $100 已發生的保險費用，其餘的 $2,300 仍列記為預付保險費。

3. 某些交易項目在會計期間中尚未入帳。例如：每個月 5 日才會收到上個月的水電費帳單。

因此，企業在編製財務報表以前，有必要先進行「調整分錄」。換言之，企業必須由試算表逐一檢討，每一個會計項目是否已完整地記錄至編製報表日之所有交易事項。此外，每一項調整分錄必須包含一個（或一個以上）綜合損益表項目以及一個（或一個以上）財務狀況表項目。

一、期末應做調整的會計項目

分析每一會計項目的餘額→決定資產、負債、收入、費用項目之適當餘額→作「調整」分錄。

1.調整的架構

　　當交易事項涵蓋一個以上的會計期間時，則須作「調整分錄」。圖 8-3 為調整事項之架構。為便於說明，以下的調整事項將以「尖峰服務諮詢公司」於 2015 年 10 月份所產生的交易事項之結果，進行後續的調整事項之分析。

尖峰服務諮詢公司
試算表
2015 年 10 月 31 日

	借方金額	貸方金額
現金	$ 96,300	
應收帳款	14,000	
用品	25,000	
預付保險費	7,200	
設備	50,000	
應付票據		$ 50,000
應付帳款		16,000
預收服務收入		12,000
股本—普通股		100,000
勞務收入		47,000
薪資費用	9,000	
水電費用	2,000	
廣告費用	2,500	
租金費用	6,000	
股利	13,000	
	$225,000	$225,000

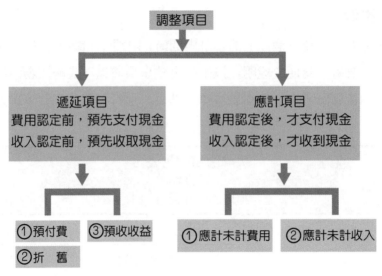

圖 8–3　調整事項之架構

2. 調整分錄的型態

調整分錄分為遞延 (Deferrals) 與應計 (Accruals) 兩類事項之調整。調整分錄必定影響一個（或一個以上）綜合損益表項目，以及一個（或一個以上）財務狀況表項目。然而，必定不會牽涉到「現金」項目。

調整的程序牽涉到必須分析哪些交易或事件必須作調整，以及每個會計項目餘額。調整分錄會使資產或負債項目餘額調整至適當的金額，該分錄也會更新相關的費用或收入項目至目前最新的實際狀況。

其中遞延與應計兩類事項可進一步分為兩個細項：

⑴遞延事項

◆預付費用 (Prepaid Expenses)：費用類項目在尚未使用或消耗之前，預先支付現金。

◆預收收益 (Unearned Revenues)：商品尚未交付或勞務尚未提供給客戶之前，預先收到現金。

⑵應計事項

◆應計費用 (Accrued Expenses)：費用已實際發生，但尚未支付現金或尚未入帳。

◆應計收益 (Accrued Revenues)：商品已交付或勞務已提供給客戶，但尚

未收到現金或尚未入帳。

二、應作調整的項目

1.遞延項目 (Deferred Items)

　　交易及事件若延伸超過一個會計期間，稱為遞延 (Deferrals)，又稱為預付，因為費用或收入的認列時點遞延至支付或收取現金之後，透過調整分錄將已發生的遞延部分記為費用、或將已賺取的遞延部分記為收入。其中遞延事項可進一步分為預付費用與預收收益兩項。

⑴預付費用 (Prepaid Expense)

　　當公司記載一項費用的支付，其效益超過一個以上的會計期間，亦即此項支付為獲得效益前預先支付的款項，則記為：**預付費用 (Prepaid Expense)**或**預付款項 (Prepayment)**。當預付一筆費用時，為表示公司將於未來享受服務或獲得效益，故增加（借記）資產項目。因此，預付費用為「**資產**」性質的項目。當該項資產使用後，其已耗用或已享受效益的成本應轉為費用。換言之，尚未享受權益前預先支付的價款為預付項目，屬「**資產**」性質之遞延費用項目；隨著使用過程而耗用的部分或隨著時間經過而減少價值的部分，應成為「費用」。例如：預付保險費、預付租金、用品、預付廣告費。此外，通常公司所購置的房屋與設備也是屬於預付款項的性質。

　　若企業每日逐一地將已耗用或已享受效益的成本記為費用，將顯得不切實際且不具效率，通常直到編製財務報表日才予以認列這些已耗用的成本。因此，企業必須在財務報表日透過調整分錄顯示當期已耗用的費用項目，並同時在資產項目中揭露尚未耗用的部分。基於此，預付費用的調整分錄牽涉到**費用的增加（借記）**及**資產的減少（貸記）**。圖 8-4 彙整預付費用的調整分錄之借貸原則。

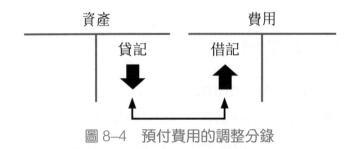

圖 8-4　預付費用的調整分錄

　　若企業未進行預付費用的調整分錄，將會導致資產項目的高估與費用項目的低估，造成當期的淨利 (Net Income) 產生高估。換言之，若未進行預付費用的調整分錄，將造成當年度的「資產」與「權益」項目均為高估的現象。

　　為瞭解預付費用的會計處理方法，以下將以預付保險費、用品及折舊為例進行說明。

◆預付保險費 (Prepaid Insurance)

　　公司透過購買保險以保障將來可能發生火災、竊盜或不可預見事件之損害，保險公司通常要求必須預先支付一年期的保險費。公司預先支付的保費成本記為「預付保險費」的資產項目之增加，在財務狀況表日，再將會計期間當中已耗用的保險費成本轉成「保險費用」(Insurance Expense) 之費用項目。

　　假設「尖峰服務諮詢公司」於 2015 年 10 月 2 日預付三年期的保險費 $7,200，從 2015 年 10 月 1 日開始生效，該公司記載此項交易為「預付保險費 $7,200」，亦即每個月的保險費為 $200 ($7,200 ÷ 36)。隨著時間過去，公司每日享受保險公司所提供的保障，保險效益逐漸到期，因此，已享受保障的預付保險費資產應轉為費用，應予減少「預付保險費」的資產項目，同時認列已享受保障的保險費之產生，即增加「保險費用」之費用項目。例如：至 2015 年 10 月 31 日，已享受保險公司提供的一個月保險保障，該月份的保險費用已產生 $200，應進行以下的調整分錄：

普通日記簿					第 31 頁
日期		項目名稱及摘要	過帳備註	借方	貸方
2015 年 10 月	31 日	保險費用 　預付保險費 　（一個月保險費已到期）	537 130	200	200

　　調整分錄與過帳之後，預付保險費項目的餘額為 $7,000，表示尚有 35 個月的剩餘未到齊的保險費已預付，同時 10 月份已產生一個月的保險費用 $200。若「尖峰服務諮詢公司」未進行預付保險費之調整分錄，將造成 10 月份的資產高估 $200、費用項目低估 $200，且淨利高估 $200。換言之，漏記預付保險費之調整分錄將造成該公司 2015 年 10 月份的財務報表的「資產」與「權益」項目均為高估的現象。

預付保險費			130		保險費用		537
10/2	7,200	10/31	200	10/31	200		
10/31	7,000						

◆用品 (Supplies)

　　公司購買的用品通常包括：報表紙、信封、訂書針、修正帶、迴紋針等辦公用的文具用品，購入時記為資產項目的「用品」(Supplies) 之增加（借記），平時每日用品的使用不會逐一詳細地記錄用品的耗用。直到會計期間終了編製財務報表時，才進行一次調整予以認列已耗用的用品費用，以節省簿記成本。換言之，當會計期間終了時，公司必須針對尚未耗用的用品進行盤點，再將尚未調整前的「用品」成本減去期末實際盤點後尚未耗用之用品餘額，其差額表示當期已耗用掉的部分，應轉為**用品費用 (Supplies Expense)**。

　　延續之前的「尖峰服務諮詢公司」於 10 月 4 日購買 $25,000 的用品，購

入時借記「用品」資產項目。尚未進行調整分錄前，「用品」資產項目的餘額仍為 $25,000。在期末 10 月 31 日，「尖峰服務諮詢公司」應將 10 月份實際耗用掉的用品部分認列為費用。因此，該公司實地盤點其尚未使用的用品，由未調整的用品總金額中減去未使用之金額，則可得出已使用的金額。換言之，「尖峰服務諮詢公司」10 月份經盤點後發現實際尚未使用的用品餘額為 $10,000，原始購入的用品總金額為 $25,000，故相差 $15,000 應為用品使用的成本，即 2015 年 10 月份已耗用之用品費用。應進行的調整分錄如下：

普通日記簿					第 28 頁
日期		項目名稱及摘要	過帳備註	借方	貸方
2015 年 10 月	31 日	用品費用 　用品 　（本月份的已耗用用品）	669 125	15,000	 15,000

經過調整分錄與過帳之後，用品項目的餘額為 $10,000，表示尚有 $10,000 的剩餘用品尚未耗用，同時 2015 年 10 月份已實際耗用掉的用品費用為 $15,000。若「尖峰服務諮詢公司」未進行用品之調整分錄，將造成 2015 年 10 月份的資產高估 $15,000、費用項目低估 $15,000，且淨利高估 $15,000。換言之，漏記用品之調整分錄將造成該公司 2015 年 10 月份的財務報表的「資產」與「權益」項目均為高估的現象。

	用品		125		用品費用		669
10/4	25,000	10/31	15,000	10/31	15,000		
10/31	10,000						

◆折舊 (Depreciation)

　　一般企業均擁有各式各樣的長期有形資產，例如：土地、建築物 (Buildings)、機器設備 (Machine Equipment)、運輸設備 (Motor Vehicles)、廠房及設備 (Plant and Equipment) 等，這些資產為企業提供超過一個以上會計期間之服務期間，稱為有效壽命 (Useful Life)。除了土地的有效壽命為無限之外，其餘的長期有形資產均具有有限的壽命期間，故上述長期有形資產在購入時，均按其取得時買賣雙方共同議定的取得價格作為入帳的成本（歷史成本原則），並列為「資產」項目。

　　上述長期有形資產等（除土地外）均將因使用而消耗其價值，為遵循配合原則，企業必須在其提供服務的有效壽命期間內，將一部分的取得成本轉列為費用，使得這些成本逐漸在綜合損益表中按其耐用年限提列為費用。因此，**折舊費用 (Depreciation Expense) 是針對長期性有形資產之成本的分攤，亦即依長期有形資產的預期耐用年限分攤歷史成本的過程。**因此，**折舊是一個分攤的過程，而非評價的過程，**無法反映資產實際價值的改變。

　　折舊費用如同其他預付費用一樣，必須在財務報表日進行調整分錄之記載。

　　若「尖峰服務諮詢公司」在 2015 年 10 月 5 日購買 $50,000 的運輸設備，作為生財器具。由於該項設備的成本必須提列折舊，預計該設備的耐用年限為 5 年，5 年過後預計出售該設備可得 $5,000，意即此設備在耐用年限中的淨成本為 $45,000 ($50,000 − $5,000)，日後會提到公司可使用不同的方法來分攤淨成本為折舊費用。「尖峰服務諮詢公司」選擇採用直線折舊法（後續章節將會解釋折舊方法，在此簡單描述直線折舊法以協助解釋調整程序）。所謂直線折舊法 (Straight-Line Depreciation) 係將資產的淨成本在其有效耐用年限內平均分攤，亦即將 $45,000 淨成本分為 60 個月，則每月平均成本為 $750 ($45,000 ÷ 60)，調整分錄如下：

普通日記簿					第 28 頁
日期		項目名稱及摘要	過帳備註	借方	貸方
2015 年 10 月	31 日	折舊費用 　累計折舊－設備 　（本月份設備應攤提的 　折舊費用）	580 169	750	750

設備 168			折舊費用 580	
10/5	50,000		10/31	750

累計折舊－設備 169	
	10/31　750

請注意：設備成本的分攤過程並不是直接沖減設備的原始成本，而是另外為設備資產設立一個抵銷項目 (Contra Account)，稱為**累計折舊－設備 (Accumulated Depreciation-Equipment)**，其正常餘額為貸方餘額。因此，此項抵銷項目為設備資產的抵銷（減項）性質，以便瞭解該項設備資產已提列的折舊費用之累計數，並保持設備的原始成本不變（使得歷史成本原則又稱為歷史成本不變原則）。

經調整分錄及過帳後的影響如以上分類帳餘額所示，經調整分錄及過帳後，設備項目餘額 $50,000 減去其累積折舊項目 $750，等於剩餘 59 個月的淨成本為 $44,250，而折舊費用項目餘額 $750 在 10 月份的綜合損益表中揭露。

經調整分錄及過帳程序後，在財務報表日，應揭露的設備成本與其累計折舊的方式如下：

設備 ⋯⋯⋯⋯⋯⋯⋯⋯⋯⋯⋯⋯⋯⋯⋯⋯⋯⋯⋯⋯⋯	$50,000
減：累計折舊—設備 ⋯⋯⋯⋯⋯⋯⋯⋯⋯⋯⋯⋯⋯	750
帳面價值 ⋯⋯⋯⋯⋯⋯⋯⋯⋯⋯⋯⋯⋯⋯⋯⋯⋯⋯⋯	$49,250

　　折舊性資產的成本減掉其累計折舊為其帳面價值 (Book Value)，「尖峰服務諮詢公司」在 2015 年 10 月 31 日設備的帳面價值為 $49,250。帳面價值與公平價值 (Market Value) 為兩個完全不同的概念，資產的公平市價往往隨著市場的供需而隨時變動。切記：折舊的目的為資產成本的分攤、而非評價，折舊主要反映資產在其耐用年限內已耗用的部分。

　　若在財務報表日 2015 年 10 月 31 日未進行設備的調整分錄，則將造成「尖峰服務諮詢公司」的財務報表產生以下的錯誤：

(1) 2015 年 10 月份的綜合損益表中少記 $750 的折舊費用，多記 $750 的淨利。

(2) 2015 年 10 月 31 日的財務狀況表中，資產與權益均多記 $750。

(2)預收收益 (Unearned Revenue)

　　當企業在交付商品或提供勞務之前，預先收取一筆價款，稱為「預收收益」(Unearned Revenue)，是指交付商品或提供勞務給顧客之前預先收到的現金，故預收收益亦稱為「遞延收入」，亦即產生未來必須交付商品或提供勞務給顧客之義務，故預收項目屬於「負債」性質之遞延收入項目。例如：預收一筆房租、預收雜誌訂購款、預收門票收入等。當商品已交付或勞務已提供予顧客，則「預收收益」便可轉列為「已實現收入」。例如：預收服務（銷貨）收入。

　　預收收益與預付費用為相對立的情況，事實上，一家公司記載在帳簿上的預收收益即為相對預先支付價款的另一家公司記載在帳簿上的預付費用。例如：房客預先支付 1 年的房租，站在房東的立場記為「預收租金收入」(Unearned Rent Revenue)；相反地，站在房客的立場則記為「預付租金費用」(Prepaid Rent)。

　　當企業預先收到現金時，便產生未來必須交付商品或提供勞務給予顧客之義務，必須承認負債已產生，故貸記「預收收益」。當提供產品或勞務後，企業應認定收入已實現，若每日一一地認列部分實現的收益，顯得不切實際

且不具效率。因此，所有已實現的收益便累計至財務報表日才透過調整分錄彙整記入。換言之，透過調整分錄承認已交付商品或提供勞務之已實現的收入，將預收收益中實際已賺得的部分轉列為收入。因此，預收收益的調整分錄牽涉到收入增加（貸）及預收收益（負債）的減少（借）。圖 8–5 彙整預收收益的調整分錄之借貸原則。

圖 8–5　預收收益的調整分錄

若企業未進行預收收益的調整分錄，將會導致負債項目的高估、收益項目的低估，造成當期的淨利 (Net Income) 產生低估。換言之，若未進行預收收益的調整分錄，將造成當年度的負債高估、權益項目低估的現象。

為瞭解預收收益的會計處理方法，以下將以「尖峰服務諮詢公司」在 2015 年 10 月份的交易為例進行說明。

「尖峰服務諮詢公司」在 2015 年 10 月 8 日預先收取一筆 $12,000 的廣告服務收入，預計在 12 月 31 日完成廣告的服務。10 月 8 日預收現金時，貸記負債項目：「預收服務收入」(Unearned Service Revenue)，金額為 $12,000。到了 2015 年 10 月 31 日，經評估 10 月份實際已完成的廣告服務之後，該公司認為 10 月份應有 $4,000 的服務已提供，根據收入實現原則，應予認列 $4,000 的服務收入已實現。因此，調整分錄應予借記負債項目：**預收服務收入 (Unearned Service Revenue)**，貸記收益項目：**服務收入 (Service Revenue)**。

		普通日記簿			第 32 頁
日期		項目名稱及摘要	過帳備註	借方	貸方
2015 10 月	31 日	預收服務收入 　　服務收入 　　　（10 月份已實現的廣告 　　服務收入）	209 400	4,000	4,000

	預收服務收入		209			服務收入	400
10/4	4,000	10/2	12,000			10/31	4,000
		10/31	8,000				

　　經上述調整分錄及過帳後，調整分錄移轉了 $4,000 預收服務收入（負債類項目）至服務收入項目，使得預收服務收入（負債項目）的餘額為 $8,000，服務收入（收益類項目）的餘額為 $4,000。若未進行此項調整分錄，則將造成：

⑴ 2015 年 10 月份的綜合損益表中收入及淨利均少記 $4,000。

⑵ 2015 年 10 月 31 日的財務狀況表中多記預收服務收入 $4,000、少記權益 $4,000。

2. 應計項目 (Accrued Items)

　　第二類的調整項目為應計事項，即應該記而平時未記，故期末應透過調整分錄予以補記的項目。在尚未進行應計事項的調整以前，收益類項目（及其相關的資產類項目）與費用類項目（及其相關的負債類項目）將被低估。因此，應計事項的調整分錄，必須同時增加財務狀況表與綜合損益表的項目。

⑴ 應計收益 (Accrued Revenue)

　　應計收益 (Accrued Revenue)，又稱應計未計收益，指隨著時間的經過，

收益逐漸實現或該會計期間收入業已賺取，但在財務報表日尚未入帳或尚未收到現金（或其他資產），未入帳的原因是因為收益未牽涉每日的交易（如：利息收入），故平時尚未入帳，則此項應計收入必須在已賺取的年度予以補記。例如：勞務收入、銷貨收入、利息收入、房租收入。

應計收入也包含已提供勞務或已交付商品的已實現收入，但尚未開立帳單給予顧客或尚未收到現金，例如：工程師在工作完成後才開立帳單給客戶，若在期末已完成四分之三的工作，即使尚未發出帳單或收現，期末在帳上仍必須記錄四分之三之預期可得的收入。例如：佣金收入。換言之，應收收入既已賺得便應在綜合損益表中揭露。

應計收入的調整分錄使得財務狀況表的資產增加（借記），以及綜合損益表的收入增加（貸記），如圖 8–6 所示。圖 8–6 彙整應計收入的調整分錄之借貸原則。

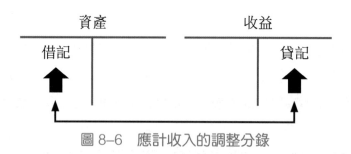

圖 8–6　應計收入的調整分錄

若企業未進行應計收入的調整分錄，將會導致資產項目的低估、收益項目的低估，造成當期的淨利 (Net Income) 產生低估。換言之，若未進行應計未計收入的調整分錄，將造成當年度的「資產」與「權益」項目均為低估的現象。為瞭解應計收入的會計處理方法，以下將以「尖峰服務諮詢公司」在 2015 年 10 月份的交易為例進行說明。

「尖峰服務諮詢公司」在 2015 年 10 月 31 日已完成 $2,000 的廣告服務之工作，但在 2015 年 10 月 31 日前尚未開立帳單給客戶。由於尚未發出帳單，故尚未入帳。因此，根據收入實現原則，2015 年 10 月 31 日應予補記 $2,000 的應計未記的服務收入，此項應計而未計的服務收入應增加「資產類」

項目，即借記**應收帳款 (Accounts Receivable)**，同時亦應增加「權益類」項目，即貸記**服務收入 (Service Revenue)**。

普通日記簿					第 33 頁
日期		項目名稱及摘要	過帳備註	借方	貸方
2015 年 10 月	31 日	應收帳款 　　服務收入 　　（10 月份應收而未收的 　　服務收入）	112 400	2,000	2,000

應收帳款		112		服務收入		400
10/31	2,000				10/31	2,000

　　在財務報表日，上述應收帳款餘額 $2,000 表示顧客賒欠「尖峰服務諮詢公司」$2,000 的款項。若未進行此項應計未計收入的調整分錄，則將造成：

⑴ 2015 年 10 月份的綜合損益表中收入及淨利均少記 $2,000。

⑵ 2015 年 10 月 31 日的財務狀況表中資產與權益類項目均少記 $2,000。

　　若下個月即 11 月 12 日「尖峰服務諮詢公司」收到顧客賒欠的 $2,000 款項，則應將應收帳款沖銷，分錄如下：

普通日記簿					第 37 頁
日期		項目名稱及摘要	過帳備註	借方	貸方
2015 年 11 月	12 日	現金 　應收帳款 （收到顧客在 10 月份所 賒欠的應收未收的款 項）	101 112	2,000	2,000

⑵應計費用 (Accrued Expense)

應計費用 (Accrued Expense)，又稱應計未計費用，指會計期間已發生的成本或費用，但直到財務報表日均尚未支付或尚未入帳，稱為「應計費用」，必須在發生年度的財務報表日予以補記該項應支付的義務，並於帳上承認該會計期間內已發生的成本或費用。例如：應計利息 (Accrued Interest)、應計稅捐 (Accrued Taxes)、應計薪資 (Accrued Salaries)、應計房租 (Accrued Rent) 等。

應計費用若已發生但尚未支付或入帳，則必須於綜合損益表中予以揭露。記錄該項應計費用的調整分錄牽涉到費用類項目的增加（借記）以及負債類項目的增加（貸記），如圖 8–7 所示。圖 8–7 彙整應計費用的調整分錄之借貸原則。

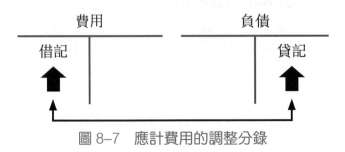

圖 8–7　應計費用的調整分錄

若企業未進行應計費用的調整分錄，將會同時導致費用類項目及負債類項目的低估，造成當期的淨利產生高估的現象。換言之，若未進行應計費用的調整分錄，將造成當年度的「負債」低估、「權益」項目高估的現象。

為瞭解應計費用的會計處理方法，以下將以「尖峰服務諮詢公司」在2015年10月31日之應計利息與應計薪資為例進行說明。

◆應計利息 (Accrued Interest)

企業通常因曾開立應付票據或其他長期負債中，隨時間經過而產生了應計利息費用，除非在會計期間的最後一天（即財務報表日）利息費用剛好已支付，否則會計人員有必要調整已發生但尚未支付的利息費用。換言之，在財務報表日必須計算最近一次付息日至期末這段時間裡，隨時間經過已發生的利息成本，其中與應計利息的計算攸關的因素為：

(1)應付票據的票面金額。

(2)利率：通常以年利率表示。

(3)自上次付息日至期末的天數。

「尖峰服務諮詢公司」在2015年10月1日曾開立一張3個月到期、年利率為12%的應付票據$50,000，其中計算已發生的利息費用的公式為：票據之票面金額×年利率×自上次最後付息日至期末的天數÷365，亦即：$50,000 \times 12\% \times \frac{1}{12} = \$500$。

利息費用的計算公式如下：

票面金額	×	年利率	×	計息期間	=	利息費用
$50,000	×	12%	×	$\frac{1}{12}$	=	$500

因此，應計利息的調整分錄與應付費用類似，應借記：**利息費用 (Interest Expense)**，貸記：**應付利息 (Interest Payable)**（負債）。

		普通日記簿			第35頁
日期		項目名稱及摘要	過帳備註	借方	貸方

2015 年						
10 月	31 日	利息費用	905	500		
		應付利息	230		500	
		（10 月份已發生的應計				
		未計利息費用）				

利息費用		905		應付利息		230
10/31	500				10/31	500

在財務報表日，上述應計利息餘額 $500 表示「尖峰服務諮詢公司」賒欠 $500 的利息。若未進行此項應計利息費用的調整分錄，則將造成：

⑴ 2015 年 10 月份的綜合損益表中費用少記 $500、淨利多記 $500。

⑵ 2015 年 10 月 31 日的財務狀況表中負債少記 $500、權益類項目多記 $500。

若三個月後票據到期時，即 12 月 31 日，「尖峰服務諮詢公司」償還應付票據的票面金額 $50,000 與三個月的利息 $1,500，則應將應付利息之負債沖銷，分錄如下：

普通日記簿						第 50 頁
日期			項目名稱及摘要	過帳備註	借方	貸方
2015 年						
12 月	31 日		應付票據	200	50,000	
			應付利息	230	1,500	
			現金	101		51,500
			（償還收到顧客在 10 月			
			份所賒欠的應收款項）			

◆應計薪資 (Accrued Salaries and Wages)

當企業雇用的員工已完成所託付的工作項目時，則企業必須按約定支付員工酬勞。換言之，隨著員工履行其工作事務，則企業便已發生薪資費用之給付義務。

若「尖峰服務諮詢公司」為固定週休二日的企業，該公司的付薪政策為每兩週的星期五給付過去兩週 10 個工作日的薪資。若「尖峰服務諮詢公司」每日需支付員工薪資 \$4,000（即每週五天的薪資為 \$20,000），2015 年 10 月份該公司的員工每月第二週星期五的發薪日分別為 10 月 9 日及 23 日，均已分別在日記帳中記錄薪資費用 \$40,000，且已過帳至分類帳。

然而，由下表顯示 10 月 23 日以後又經過了 5 個工作日（26、27、28、29、30），表示自上一次發薪日 10 月 23 日以後員工已賺取了 5 天的薪資，而該薪資費用卻尚未支付或記錄（因下次發薪日為 11 月 6 日）。

換言之，自上一次發薪日 10 月 23 日以後，「尖峰服務諮詢公司」已發生應計而未記的薪資費用 \$20,000，在財務報表日應予補記，應借記：**薪資費用 (Salaries and Wages Expense)**，貸記：**應付薪資 (Salaries and Wages Payable)**（負債）。

普通日記簿					第 35 頁
日期		項目名稱及摘要	過帳備註	借方	貸方
2015 年 10 月	31 日	薪資費用 　應付薪資 　（10 月份已發生的應計 　未計薪資費用）	626 212	20,000	20,000

薪資費用		626		應付薪資		212
10/9	40,000				10/31	20,000
10/23	40,000					
10/31	20,000					

　　經調整分錄後，財務報表日顯示薪資費用餘額 $100,000 為 10 月份實際已產生的薪資費用，應付薪資餘額 $20,000 表示截至 10 月 31 日止「尖峰服務諮詢公司」尚賒欠員工 $20,000 的薪資應付而未付。

　　若未進行此項應計未計薪資費用的調整分錄，則將造成：

⑴ 2015 年 10 月份的綜合損益表中費用少記 $20,000、淨利多記 $20,000。

⑵ 2015 年 10 月 31 日的財務狀況表中負債少記 $20,000、權益類項目多記 $20,000。

　　在下個月發薪日，即 11 月 6 日，「尖峰服務諮詢公司」應支付員工 10 個工作日的薪資 $40,000，則應將 10 月 26 日至 10 月 30 日的應付薪資 $20,000 之負債沖銷，並記錄 11 月 2 日至 11 月 6 日的薪資費用 $20,000，分錄如下：

普通日記簿					第 50 頁
日期		項目名稱及摘要	過帳備註	借方	貸方
2015 年11月	6 日	應付薪資薪資費用　現金（付員工 10 個工作日的薪資費用）	212626101	20,00020,000	40,000

　　表 8-1 彙整必須進行調整分錄的四類交易事項，每一種情況均需要進行調整分錄。透過此表可進一步瞭解調整程序對編製財務報表之重要性。其中每一項調整分錄均分別影響一個或一個以上的綜合損益表及財務狀況表項目。然而，調整分錄絕不會影響到現金項目。

表 8-1　應進行之調整分錄彙整

調整類別	調整事項	未調整前		調整分錄
		財務狀況表	綜合損益表	
遞延項目	預付費用	資產多記	費用少記	借：費用　貸：資產（折舊提列應貸記：累計折舊）
	預收收益	負債多記	收入少記	借：負債　貸：收入
應計項目	應計費用	負債少記	費用少記	借：費用　貸：負債
	應計收入	資產少記	收入少記	借：資產　貸：收入

下表彙整「尖峰服務諮詢公司」2015 年 10 月 31 日的調整分錄。

普通日記簿					第 31 頁
日期		項目名稱及摘要	過帳備註	借方	貸方
2015 年 10 月	31 日	保險費用 　預付保險費 　（一個月保險費已到期）	537 30	200	200
2015 年 10 月	31 日	用品費用 　用品 　（本月份的已耗用用品）	669 125	15,000	15,000
2015 年 10 月	31 日	折舊費用 　累計折舊－設備 　（本月份設備應攤提的 　折舊費用）	580 169	750	750
2015 年 10 月	31 日	預收服務收入 　服務收入 　（10 月份已實現的廣告 　服務收入）	209 400	4,000	4,000
2015 年 10 月	31 日	應收帳款 　服務收入 　（10 月份應收而未收的 　服務收入）	112 400	2,000	2,000

2015 年						
10 月	31 日	利息費用	905	500		
		應付利息	230		500	
		（10 月份已發生的應計				
		未計利息費用）				
2015 年						
10 月	31 日	薪資費用	626	20,000		
		應付薪資	212		20,000	
		（10 月份已發生的應計				
		未記的薪資費用）				

三、期末調整分錄之彙整

(一) 遞延 (Deferred) 收益（預收收益）之調整

平時分錄

10/8 預收金額 $12,000

```
Cash                              12,000
    Unearned Consulting Revenue           12,000
    （負債性質）
```

期末調整分錄

期末按已實現之收入→記「收入」已實現

10/31

```
Unearned Consulting Revenue        4,000
    Consulting Revenue                     4,000
    （收入性質）
```

(二) 預付費用（遞延費用）之調整

平時分錄

```
(1) Prepaid Insurance              7,200
        Cash                               7,200
(2) Supplies                      25,000
        Cash                              25,000
(3) Prepaid Rent                  12,000
        Cash                              12,000
```

期末調整分錄

期末將已耗用 (Incurred) 之部分轉為「費用」

12/31

```
(1) Insurance Expense                200
        Prepaid Insurance                    200
(2) Supplies Expense              10,000
        Prepaid Supplies                  10,000
(3) Rent Expense                   1,000
        Prepaid Rent                       1,000
```

(三) 長期性有形資產成本之分攤→提列折舊費用

平時分錄

12/1

```
Equipment                         50,000
    Cash                                  50,000
```

期末調整分錄

（原始成本 − 估計殘值）÷ 估計耐用年限 ＝ 每提列的折舊費用

12/31

```
Depreciation Expense                 750
    Accumulated Depreciation-
        Equipment                          750
```

(四) 「應計」（未計）費用」之調整

（平時未作分錄）

期末調整分錄 期末補記

12/31

```
(1) Salary Expense                   210
        Salary Payable（負債性質）          210
(2) Interest Expense                 100
        Interest Payable（負債性質）         100
```

下一期

1/9

```
Salary Payable                       210
Salary Expense                       490
    Cash                                   700
```

(五) 「應計」（未計）收入」之調整

（平時未作分錄）

期末調整分錄

利息 ＝ 本金 × 年利率 × 期限（年）

12/31

```
(1) Accounts Receivable（資產）    1,800
        Consulting Revenue                 1,800
(2) Interest Receivable（資產）       80
        Interest Revenue                      80
```

下一期

1/10

```
Cash                              2,700
    Accounts Receivable                   1,800
    Consulting Revenue                      900
```

8-3 編製調整後試算表

調整後試算表 (Adjusted Trial Balance) 是依據調整分錄及過帳後的會計項目及其餘額所編製的，調整後試算表是編製財務報表的基礎。下表顯示「尖峰服務諮詢公司」2015 年 10 月 31 日調整前及調整後的試算表，其中某些新的會計項目乃是由調整分錄所產生，試算表的會計項目之陳列順序通常與會計項目明細表之順序相同。

下表列示所有會計項目的調整前與調整後的餘額，其中每一個會計項目的調整後試算表的金額，均由調整前試算表的金額加減調整金額計算得出。例如：用品在調整前為借方餘額 $25,000，經調整分錄沖減 $15,000 後，產生借方餘額 $10,000；某些項目可能不只一項的調整，但某些項目則不須調整。透過調整後試算表的編製，可以驗證調整分錄及其過帳程序是否正確。

尖峰服務諮詢公司
試算表
2015 年 10 月 31 日

	調整前		調整後	
	借方金額	貸方金額	借方金額	貸方金額
現金	$ 96,300		$ 96,300	
應收帳款	14,000		**16,000**	
用品	25,000		**10,000**	
預付保險費	7,200		**7,000**	
設備	50,000		50,000	
累計折舊		$　　0		$　**750**
應付票據		50,000		50,000
應付帳款		16,000		16,000
預收服務收入		12,000		**8,000**

應付利息		0	**500**
應付薪資		0	**20,000**
股本－普通股		100,000	100,000
勞務收入		47,000	**53,000**
薪資費用	9,000		**29,000**
水電費用	2,000		2,000
廣告費用	2,500		2,500
租金費用	6,000		6,000
用品費用	0		**15,000**
保險費用	0		**200**
折舊費用	0		**750**
利息費用	0		**500**
股利	13,000		13,000
	$225,000	$225,000	**$248,250** $248,250

8-4 編製財務報表

　　由於調整後試算表已摘錄所有分類帳的資訊，並已列示出所有財務報表中的會計項目餘額，因此，由調整後試算表的資訊編製正式的財務報表，在編製財務報表時變得比較容易且能避免發生錯誤。

　　實務上通常以下列順序編製財務報表：

⑴綜合損益表

⑵業主權益變動表

⑶財務狀況表

⑷現金流量表

　　建議採用此順序編製報表的原因是因為財務狀況表需要運用業主權益變動表的資訊，而業主權益變動表則需要運用綜合損益表的資訊，因此，報表

之間具有先後之關連性。因現金流量表的編製將牽涉較為複雜的分析事項，故後續章節將再詳細介紹現金流量的編製。

<table>
<tr><td colspan="3">尖峰服務諮詢公司
綜合損益表
2015 年 10 月 1 日起至 10 月 31 日止</td></tr>
<tr><td>勞務收入</td><td></td><td>$53,000</td></tr>
<tr><td>營業費用：</td><td></td><td></td></tr>
<tr><td>　薪資費用</td><td>$29,000</td><td></td></tr>
<tr><td>　水電費</td><td>2,000</td><td></td></tr>
<tr><td>　廣告費用</td><td>2,500</td><td></td></tr>
<tr><td>　租金費用</td><td>6,000</td><td></td></tr>
<tr><td>　用品費用</td><td>15,000</td><td></td></tr>
<tr><td>　保險費用</td><td>200</td><td></td></tr>
<tr><td>　折舊費用</td><td>750</td><td></td></tr>
<tr><td>　利息費用</td><td>500</td><td></td></tr>
<tr><td>　總費用</td><td></td><td>55,950</td></tr>
<tr><td>本期淨利（損）</td><td></td><td>$ (2,950)</td></tr>
</table>

<table>
<tr><td colspan="2">尖峰服務諮詢公司
保留盈餘變動表
2015 年 10 月 1 日起至 10 月 31 日止</td></tr>
<tr><td>保留盈餘－期初</td><td>$　　0</td></tr>
<tr><td>減：本期淨損</td><td>(2,950)</td></tr>
<tr><td>小計</td><td>$ (2,950)</td></tr>
<tr><td>減：股利</td><td>(13,000)</td></tr>
<tr><td>保留盈餘－期末</td><td>$(15,950)</td></tr>
</table>

尖峰服務諮詢公司
財務狀況表
2015 年 10 月 31 日

資產

現金		$ 96,300
應收帳款		16,000
用品		10,000
預付保險費		7,000
設備	$ 50,000	
累計折舊－設備	(750)	49,250
總資產		$178,550

負債及股東權益

負債

應付票據	$ 50,000	
應付帳款	16,000	
預收服務收入	8,000	
應付利息	500	
應付薪資	$ 20,000	$ 94,500

股東權益

股本－普通股	$ 100,000	
保留盈餘	(15,950)	84,050
負債及股東權益		$178,550

練習題 ▶

一、選擇題

1. 調整分錄可能同時造成下列何種影響？

    (A)資產增加，負債增加

    (B)資產增加，費用增加

    (C)資產減少，費用增加

    (D)費用增加，收入增加　　　　　　　　　　　　　　　103 年特考

2. 大欣公司於 4 月 1 日收到承租戶支付未來一年的租金 $1,200,000，以虛帳戶入帳，則同年 12 月 31 日大欣公司應有之調整分錄為何？

    (A)借記預收租金 $300,000，貸記租金收入 $300,000

    (B)借記租金收入 $300,000，貸記預收租金 $300,000

    (C)借記預收租金 $900,000，貸記租金收入 $900,000

    (D)借記租金收入 $900,000，貸記預收租金 $900,000　　　103 年外交

3. 何時需要編製調整分錄？

    (A)每年

    (B)每季

    (C)每月

    (D)需要編製財務報表時就要編製　　　　　　　　　　　103 年原住民

4. 甲公司年初用品盤存 $500，未作迴轉分錄，當年度購入辦公用品 $2,500，以資產項目入帳，年終盤點尚存 $950，則期末調整分錄：

    (A)借：用品盤存 $2,050，貸：用品費用 $2,050

    (B)借：用品費用 $2,050，貸：用品盤存 $2,050

    (C)借：用品盤存 $450，貸：用品費用 $450

    (D)借：用品盤存 $1,550，貸：用品費用 $1,550　　　　　103 年初等

5. 下列有關試算表之敘述，何者錯誤？

    (A)試算表證明過帳後借方總額等於貸方總額

    (B)試算表證明公司已記錄所有的交易

    (C)若分錄與過帳正確，則試算表必定借貸相等

(D)試算表有助於編製財務報表　　　　　　　　　　　　103 年初等

6. 以下敘述何者正確?

(A)更正分錄是會計循環之必要程序

(B)轉回分錄是會計循環之必要程序

(C)調整分錄總是會影響資產負債表與綜合損益表項目

(D)更正分錄總是會影響資產負債表與綜合損益表項目　　　102 年地特

7. 甲公司 X1 年度期初預付廣告費為 $150,000，期末為 $90,000，期初應付廣告費為 $50,000，期末為 $35,000，若當年度綜合損益表上認列之廣告費用為 $215,000，請問該年度甲公司支付廣告費之金額為何?

(A) $170,000

(B) $215,000

(C) $260,000

(D) $290,000　　　　　　　　　　　　　　　　　　102 年地特

8. X3 年 1 月初甲公司購入文具用品 $1,500，帳上借記文具用品費用，1 月底公司盤點文具用品只剩下 $400，則 1 月底甲公司之調整分錄為:

(A)借: 用品盤存 $1,100，貸: 文具用品費用 $1,100

(B)借: 用品盤存 $400，貸: 文具用品費用 $400

(C)借: 文具用品費用 $400，貸: 用品盤存 $400

(D)借: 文具用品費用 $1,100，貸: 用品盤存 $1,100　　　102 年地特

9. 會計期間結束之時，將進行調整分錄，如果乙公司不慎遺漏其應計薪資的調整，本期將造成:

(A)費用低估與負債低估

(B)費用高估與淨利低估

(C)資產高估與負債高估

(D)費用高估與負債高估　　　　　　　　　　　　　　102 年地特

10. 和平公司 X9 年 4 月 15 日收到客戶雜誌訂閱金 $18,000 (X9 年 4 月 15 日起，為期一年半)。收款時貸記「預收訂閱金」帳戶。同年 7 月 1 日預付一年期保險費 $600，並以「預付保險費」科目入帳。若該公司 12 月 31 日未作調整分錄，則會造成:

⑷淨利低估 $17,400

⒝淨利高估 $17,400

⒞淨利低估 $8,200

⒟淨利高估 $8,200　　　　　　　　　　　　　　102 年身心

二、問答題

1.試將下列交易事項分別歸類為：A.遞延費用（預付費用）；B.遞延收益（預收收益）；C.應計費用（應計負債）；D.應計收益（應計資產）。

⑴已完成服務的提供，但尚未收到現金

⑵積欠所得稅款，將於下一期支付

⑶積欠員工薪資，且尚未支付

⑷期末盤點當期已耗用的用品以及手邊尚可使用的用品

⑸預先收到服務費，但尚未提供服務

⑹積欠公共費用且尚未支付

⑺預先支付兩年期的火災保險費用

⑻雜誌出版社預先收取訂閱費

2.以下會計項目取自玉泉公司調整前試算表，請分別指出每一項會計項目是否需要進行調整分錄。若需要作調整分錄，試運用下列的標記指出應進行調整的類型。

AE：應計費用；AR：應計收益；DR：遞延收益；DE：遞延費用。

茲以前兩項會計項目為範例說明。

項目	答案
林先生提取	不需做調整分錄
應收帳款	需做調整分錄 (AR)
⑴　累積折舊	
⑵　現金	
⑶　應付利息	
⑷　應收利息	

　(5)　　　　　土地

　(6)　　　　辦公設備

　(7)　　　　預付保險費

　(8)　　　　用品費用

　(9)　　　　預收服務費

　(10)　　　薪資費用

3. 康定公司在第一年的營運中賺得 $1,008,000 的收益，並收到顧客交來的現金 $888,000。已知在年底時康定公司當年度已發生的費用總計為 $612,000，但其中 $126,000 尚未支付。此外，該公司以現金預付了明年度的費用 $162,000。試分別以現金基礎及應記基礎計算康定公司第一年的淨利。

4. 期末的調整分錄至少影響一項財務狀況表項目及一項綜合損益表項目。試針對下列的調整事項，分別指出應借記及貸項的會計項目，且同時指出該項項目應歸屬於綜合損益表或財務狀況表項目。

　_____ (1)先前預收現金的收益，期末調整為已實現收益

　_____ (2)期末提列機器設備當年度的折舊費用

　_____ (3)員工已賺取的薪資，但公司尚未支付

　_____ (4)公司已賺得收益，但尚未收到款項

　_____ (5)預先支付保險費，期末調整已到期的部分

5. 凱聚公司在營運第一年結束時的 12 月 31 日，經調整分錄及過帳程序後，該公司的 T 字帳顯示其應付薪資與薪資費用的餘額分別如下：

應付薪資	薪資費用
餘額　47,040	餘額　2,098,320

試問：凱聚公司在營運第一年度實際支付的薪資總額為多少？

6. 永康公司在 2015 年期末進行調整分錄，然而卻未記錄已到期的保險費用 $38,400，這項費用原始記錄為借記「預付保險費」。此外，公司也未記錄應付薪資 $24,000。由於這兩項疏失，將使得永康公司在 2015 年的財務報表呈現下列何種錯誤?

⑴低估資產 $38,400

⑵低估費用 $62,400

⑶低估淨利 $24,000

⑷高估負債 $24,000

7. 康健公司在 2015 年期末進行調整記錄前，「用品」項目的餘額為 $35,400；若 2015 年年底尚未耗用的用品為 $5,784，試做 2015 年期末應記錄的調整分錄。

8. 分別針對下列兩家公司於 2015 年 12 月 31 日的相關項目記錄應有的調整分錄。

⑴瑞亞公司於 2015 年 7 月 1 日預先支付了 6 個月的保險費 $28,800。

⑵開泰公司於 2015 年 1 月 1 日尚餘 $12,000 的用品，在 2015 年期間，該公司又添購了 $48,000 的用品，在 2015 年 12 月 31 日，經盤點後顯示尚有 $19,200 的用品可用。

9. 下列為廷輝公司於 2015 年度的部分交易事項，試分別為該公司於 2015 年 12 月 31 日記錄應有的調整分錄。

⑴廷輝公司在 2015 年 1 月 1 日購買 $480,000 的設備，預計可使用 5 年且 5 年後的殘值為 $48,000

⑵廷輝公司在 2015 年 1 月 1 日購買 $240,000 的土地

10. 以下兩小題於 2015 年 12 月 31 日應記錄的調整分錄為何？

⑴王正義律師於 2015 年 10 月 1 日預先收取顧客預付的法律顧問費現金 $240,000，預計為這位客戶的委託案工作 4 個月。王律師事務所的會計人員預收當時的分錄為：借記現金 $240,000 及貸記預收收益 $240,000。

⑵周小姐剛開設一家出版社且命名為欣鑫公司，每位顧客只要支付 $576 便可收到 12 本雜誌，當收到訂戶預付雜誌訂閱金額時，該公司便立即借記現金、貸記預收收益。隨著訂戶的增加，2015 年 7 月 1 日時，該公司已累積了 100 位訂戶。自 2015 年 7 月至 12 月期間該公司每個月均固定寄給每位訂戶一本欣鑫雜誌，且 2015 年底欣鑫公司的訂戶數並沒有任何改變。

11. 張小姐每年暑假均雇用 3 名大學生到她的咖啡店工讀，規定工讀生每週工

作 5 個工作天，薪資支付的時間約定每兩週的星期五。例如：一位學生從 6 月 1 日星期一至 6 月 5 日星期五計工作 5 天，則這位學生將在 6 月 12 日星期五收到共計 10 天的薪資。若每位學生每天賺 $2,400，這三位學生在 7 月份的最後一個星期均正常工作，而星期五為 8 月 1 日。請問在 7 月 31 日當天張小姐應該作什麼樣的調整分錄認列已發生的薪資費用？

12. 太平公司於 2015 年成立，在 2015 年 12 月 31 日經調整分錄且過帳後，用品與用品費用項目的 T 字帳餘額分別如下，請問太平公司 2015 年度購買用品的金額為多少？

用品		用品費用	
餘額　10,032		餘額　46,632	

13. 連雲公司成立於 2015 年 12 月 1 日，在第一個月營運結束的 12 月 31 日，漏記了攸關費用項目的「遞延用品」調整分錄。由於此項錯誤，下列項目將分別產生何種錯誤？並指出該錯誤為高估或低估。

(1) 2015 年 12 月份的綜合損益表

(2) 2015 年 12 月 31 日的財務狀況表

14. 已知長年公司在 2015 年底進行調整分錄前，「預付保險費」項目的餘額為 $102,720。試分別在下列方案下，進行應有的調整分錄：

(a) 2015 年度到期的保險費用為 $29,616

(b) 2015 年底未到期且未來可用的保險費為 $78,240

15. 已知長雲公司在 2015 年底進行調整分錄前，「預收服務收入」項目餘額為 $162,000，若 2015 年度的預收服務費共計 $67,200，試作長雲公司 2015 年底應有的調整分錄。

16. 育仁公司在一個禮拜的工作結束日（即星期五）支付員工週薪 $330,000，若會計期間結束分別為：(a)星期四；(b)星期三。試作該公司會計期間結束時之必要的調整分錄。

17. 智慧文化公司的會計人員漏記了 2015 年底應進行的下列兩項調整分錄：(a)預收收益 $249,360；(b)應計薪資 $58,560。試分別指出每一項錯誤對 2015 年 12 月 31 日的綜合損益表及財務狀況表的影響。請透過下列的表格，分

別於適當的位置記錄上述錯誤將產生金額的高估或低估，若無影響則以
"0" 表示。

	綜合損益表錯誤(a)		財務狀況表錯誤(b)	
	高估	低估	高估	低估
(1) 2015 年度收益	$	$	$	$
(2) 2015 年度費用	$	$	$	$
(3) 2015 年度淨利	$	$	$	$
(4) 2015 年 12 月 31 日的資產	$	$	$	$
(5) 2015 年 12 月 31 日的負債	$	$	$	$
(6) 2015 年 12 月 31 日的業主權益	$	$	$	$

18. 陶陶公司在 2015 年底進行調整分錄前的「預收服務收入」項目餘額為
$1,152,000，其中 $384,000 於 2015 年度中已賺得。另外，2015 年度的服務
費已賺得 $180,000 但尚未寄發帳單予顧客。針對以上事項，試作調整分
錄：(1)調整預收服務收入項目；(2)記錄應計服務收入。

19. 已知果實公司在 2015 年底「設備」項目的餘額 $12,444,000，且「累積折
舊—設備」項目的餘額為 $2,898,000。試問：

(1)果實公司在 2015 年底「設備」項目的帳面價值為何？

(2)累積折舊項目的餘額是否意味著，設備價值損失了 $2,898,000? 請解釋。

(3)果實公司「設備」項目的帳面價值是否接近其公平市價？

20. 育才公司在 2015 年 12 月 31 日的調整前與調整後的試算表分別列示如下：

育才公司
試算表
2015 年 12 月 31 日　　　　　（單位：千元）

	調整前	調整後
現金	$ 192	$ 192
應收帳款	456	504
用品	144	48

預付保險費	240		144	
土地	312		312	
設備	480		480	
累計折舊一設備		$ 96		$ 120
應付帳款		312		312
應付薪資		0		24
張先生資本		1,104		1,104
張先生提取	96		96	
服務收入		888		936
薪資費用	288		312	
租金費用	96		96	
保險費用	0		96	
公共費用	48		48	
折舊費用	0		24	
用品費用	0		96	
雜項費用	48		48	
總額	$2,400	$2,400	$2,496	$2,496

試問：育才公司在 2015 年 12 月 31 日應進行的五項調整分錄分別為何？

21. 下列為菁英公司在 2015 年 12 月 31 日應進行的調整事項，試為以下每一個獨立狀況分別進行 2015 年 12 月 31 日的調整分錄。(已知預付費用為資產項目、預收工作服務費為負債項目)

(1) 菁英公司的「設備」在 2015 年 12 月 31 日應提列 $432,000 的折舊費用。

(2) 菁英公司在進行調整分錄前，預付保險費項目尚有 $144,000 的借方餘額，根據保險費合約分析顯示：2015 年 12 月 31 日有 $26,400 保險費尚未到期。

(3) 「辦公用品」項目在 2015 年 1 月 1 日有 $16,800 的借餘，2015 年期間購

買了 $83,520 的辦公用品，且在 2015 年 12 月 31 日經實際盤點後顯示尚
有 $7,152 的辦公用品可用。

⑷菁英公司預先收取顧客未來將提供服務的現金 $360,000，其中二分之一
的服務 2015 年期間已完成。

⑸菁英公司在未進行任何到期保費的調整事項前，「預付保險費」項目在
2015 年 12 月 31 日有 $163,200 的借餘，根據公司保險費合約分析後顯
示：計 $139,200 的保險費尚未到期。

⑹菁英公司在 2015 年 12 月 31 日，員工已賺得 $768,000 的薪資，但公司
尚未支付。

22.下列資料為約翰生商行 2016 年 12 月 31 日調整前試算表中部分科目及金
額：

	借　方	貸　方
預付租金	$1,800	
用品盤存	3,650	
累計折舊		$10,800
預計勞務收入		7,200

試以下列假定為準，作調整分錄：

⑴ 2016 年 12 月 1 日支付租金，租期三個月

⑵ 2016 年 12 月 31 日用品尚餘 $1,080

⑶累計折舊為辦公設備之抵銷科目，該設備購置於 2013 年 1 月 1 日

⑷ 2016 年 11 月 1 日收到勞務收入，服務期間為六個月

23.博愛服務商行開業第一個月月底調整前試算表如下：

博愛服務商行

試算表

2016 年 5 月 31 日

現金	$ 8,000	
應收帳款	14,000	
預付租金	5,000	
用品盤存	900	
辦公設備	30,000	
應付帳款		$ 5,000
陳民雄資本		38,900
陳民雄提取	2,000	
勞務收入		20,000
薪資費用	4,000	
合　　計	$63,900	$63,900

其他資料如下：

A.預付房租金額係 5 月 1 日預付四個月的房租

B. 5 月 31 日文具用品尚結存 $600

C. 5 月份折舊 $750

D. 5 月 31 日尚未支付之薪資費用 $800

E.估計本月份之水電瓦斯費為 $600

試根據上述資料：

(1)作成 2016 年 5 月 31 日調整分錄

(2)編製 2016 年 5 月 31 日調整後試算表

24.五福商店部分交易分錄如下：

11 月 1 日	現金	50,000	
	王福資本		50,000
	（王福投資設立本店）		
1 日	保險費	4,800	
	現金		4,800
	（支付兩年保險費自本日起生效）		
5 日	用品盤存	7,500	
	付帳款		7,500
	（賒購文具用品）		
15 日	租金費用	2,000	
	現金		2,000
	（支付 11/16 至 12/15 租金）		
20 日	現金	30,000	
	應付票據		30,000
	（向李三借款，開立票據一紙，年利率 6%，三個月到期）		
30 日	應收帳款	35,000	
	勞務收入		35,000
	（本月服務收入）		

該店於 15 日雇用員工兩人，每月薪資共計 $3,000，於每月 15 日支付。11 月底盤點文具用品，尚結存 $2,750

試根據上述資料，作成 11 月 30 日之調整分錄

25.試根據下列榮欣報關行 2016 年 12 月 31 日調整前及調整後試算表，列示該行 12 月 31 日應作的調整分錄。

榮欣報關行
試算表
2016 年 12 月 31 日

	調整前	調整後
現金	$ 1,510	$ 1,510
應收帳款	540	600
預付租金	125	

預付保險費	625		275	
用品盤存	80		25	
辦公設備	915		915	
累計折舊——辦公設備		$ 210		$ 320
運輸設備	9,280		9,280	
累計折舊——運輸設備		2,115		3,340
應付帳款		245		245
應付薪資				110
預收勞務收入		450		235
洪仁施資本		11,205		11,205
洪仁施提取	9,600		9,600	
勞務收入		21,650		21,925
租金費用——辦公室	550		600	
薪資費用——職員	4,760		4,800	
郵電費	185		185	
用品費用			55	
折舊費用——辦公設備			110	
租金費用——車庫	825		900	
薪資費用——司機	5,720		5,790	
燃料費	1,160		1,160	
保險費			350	
折舊費用——運輸設備			1,225	
合　計	$35,875	$35,875	$37,380	$37,380

26.下列為瑞河商行 2016 年 12 月 31 日調整前試算表：

瑞河商行
試算表
2016 年 12 月 31 日

現金	$ 4,500	
預付保險費	2,000	
用品盤存	1,100	
土地	17,000	
房屋	80,000	
辦公設備	18,400	
應付帳款		$ 5,600
預收租金收入		1,700
應付抵押借款		20,000
業主資本		80,000
租金收入		20,000
薪資費用	2,000	
水電瓦斯費	1,300	
廣告費	1,000	
合　計	$127,300	$127,300

試依以下資料編製 2016 年 12 月 31 日調整後試算表：

⑴每年保險費為 $1,200

⑵年底盤點文具用品，尚餘 $500

⑶房屋折舊 $8,000，辦公設備折舊 $2,300

⑷抵押借款 $20,000，年利率 12%，係於 ×7 年 5 月 31 日借入

⑸預收租金收入中，有 $1,200 已於 ×7 年度實現

⑹年底應付未付薪資 $500

第九章

完成會計循環：
結帳分錄與結帳後試算表

前　言

　　上一章已介紹如何透過調整後試算表 (Adjusted Trial Balance) 以編製企業的財務報表，以使所有的利害關係人 (Stakeholders) 瞭解企業過去的經營績效。然而，期末調整事項之種類繁多，不免容易使調整程序產生錯誤或疏漏，編製工作底稿 (Worksheet) 不失為一種降低錯誤並簡化期末會計程序之有效方式。

　　因此，本章將說明如何運用工作底稿 (Worksheet) 及其在期末會計程序中所扮演的角色，工作底稿對於編製財務報表而言是相當有用的工具。此外，本章進一步介紹會計循環的最後步驟，即結帳程序 (Closing Process)。結帳程序能結清收入、費用及業主提取項目，以利新的會計期間的表達。

學習架構

■ 瞭解編製工作底稿的步驟，以助於進行調整分錄與財務報表的編製。

■ 說明結帳程序及其會計處理方法，進行結帳分錄、過帳、並編製結帳後試算表。

■ 彙整說明會計循環之流程。

9-1 編製工作底稿

　　會計人員在編製財務報告時，通常會運用各式的內部輔助文件以協助處理相關的會計資訊，此種內部文件稱為工作底稿 (Worksheet)，通常僅提供內部的決策制訂者使用，尤其對會計人員十分有用。

　　工作底稿是一種多欄式的格式，通常被視為是調整程序與財務報表編製過程的工具。工作底稿並非永久性的會計記錄，既不屬於日記簿、也不屬於分類帳。換言之，工作底稿僅是在調整分錄與編製財務報表時的輔助工具。實務上，企業一般透過 Excel 套裝軟體將工作底稿電子化，以方便處理。

　　編製工作底稿是一項選擇性的程序，會計人員並不一定要編製工作底稿。編製書面或電子工作底稿所具備的優點包括：

1. 降低處理繁雜的會計項目及相關調整分錄時可能產生的錯誤。
2. 易於全盤瞭解會計項目及相關調整事項對財務報表的影響，以充分反映調整事項對於財務報表的影響。
3. 由工作底稿中可透視全部必要的調整事項，有助於財務報表查核的規劃及組織。
4. 會計人員可利用工作底稿編製其中的財務報表（月報表或季報表）。

　　當企業選擇編製工作底稿時，便可透過工作底稿編製財務報表，再於日記簿中做調整分錄並過至分類帳。因此，編製工作底稿可使企業更早提供財務報表予管理階層及其他利害關係人。

一、編製工作底稿的步驟

　　工作底稿的編製時點通常發生在期末編製財務報表時，即調整分錄入帳前進行。工作底稿的內容包括：會計項目、調整前試算表、調整分錄、調整後試算表、綜合損益表及財務狀況表（含業主權益變動表）。表 9-1 列示工作底稿的格式及編製工作底稿的五個步驟，其中各項欄位均將借方金額與貸方金額欄獨立列示出來。

表 9-1　工作底稿格式及編製工作底稿的步驟

工作底稿

會計項目	調整前試算表		調整分錄		調整後試算表		綜合損益表		財務狀況表	
	借方	貸方	借方	貸方	借方	貸方	借方	貸方	借方	貸方

① 編製調整前試算表

② 填入調整分錄

③ 編製調整後試算表

④ 將調整後試算表的金額索引至適當的財務報表處

⑤ 加總數字、計算損益、驗算是否借貸平衡

　　本文延續上一章的尖峰服務諮詢公司於 2015 年 10 月份所產生的交易事項之結果，以便於解釋工作底稿的五個編製步驟之說明，相關資訊請參見表 9–2 至 9–6。

步驟一：在工作底稿的第二欄位中，編製調整前試算表

　　首先請參考表 9–2。編製工作底稿的第一步驟，首先應在會計項目欄位中列出所有預期會在企業的財務報表上出現的會計項目。再將調整前試算表中各會計項目的餘額由分類帳上的餘額，按照資產、負債、業主權益、收入、費用之順序填入工作底稿的借方或貸方金額欄，且借方總金額與貸方總金額必須相等。

　　表 9–2 為尖峰服務諮詢公司完成工作底稿的第一步驟後之結果，其中調整前試算表所呈現的是尖峰服務諮詢公司於 2015 年 10 月份所有交易的分錄與過帳後、但尚未編製調整分錄及過帳前的項目餘額，與上一章的調整前試算表相同。根據過往的經驗，有時會在某些會計項目下預留空格，以便進行相關的調整，例如：表 9–2 的預收服務收入。

步驟二：在工作底稿的第三欄位中，填入調整分錄

　　接下來請參考表 9–3。編製工作底稿的第二步驟便是在調整分錄欄中填入調整事項的金額，這些調整分錄的金額與表 6–2 的「尖峰服務諮詢公司」於 2015 年 10 月 31 日的調整分錄之彙整金額完全相同,若有產生新的會計項目,則按調整分錄的順序依序增列於調整前試算表原有會計項目的加總項下。此外,在每個調整分錄的借方與貸方金額前均有一個與之相對應的標記字母,為標記每一項調整分錄已填入之標示用。當完成工作底稿的調整分錄編製之後,仍必須在日記帳上做這些調整分錄,並過至分類帳,最後編製財務報表。

　　為便於工作底稿中填入調整分錄，茲再列示「尖峰服務諮詢公司」於 2015 年 10 月 31 日的調整分錄彙整如下：

普通日記簿					第 31 頁
日期		項目名稱及摘要	過帳備註	借方	貸方
2015 年 10 月	31 日	保險費用	537	200	
		預付保險費	130		200
		（一個月保險費已到期）			
2015 年 10 月	31 日	用品費用	669	15,000	
		用品	125		15,000
		（本月份的已耗用用品）			
2015 年 10 月	31 日	折舊費用	580	750	
		累計折舊－設備	169		750
		（本月份設備應攤提的折舊費用）			
2015 年 10 月	31 日	預收服務收入	209	4,000	
		服務收入	400		4,000
		（10 月份已實現的廣告服務收入）			
2015 年 10 月	31 日	應收帳款	112	2,000	
		服務收入	400		2,000
		（10 月份應收而未收的服務收入）			
2015 年 10 月	31 日	利息費用	905	500	

		應付利息 （10 月份已發生的應計 未計的利息費用）	230		500
2015 年 10 月	31 日	薪資費用	626	20,000	
		應付薪資 （10 月份已發生的應計 未計的薪資費用）	212		20,000

步驟三：　在工作底稿的第四欄位中，編製調整後試算表

　　接著請參考表 9–4。編製工作底稿的第三步驟便是將各會計項目的調整前餘額以及調整數加以合併，以便得到調整後餘額。以預付保險費為例，其在調整前試算表欄上顯示借方餘額為 \$7,200，調整分錄欄為貸方金額 \$200，經合併後得到的調整後試算表欄上應為借方餘額 \$7,000。針對每一項會計項目，其調整後試算表欄金額之餘額為其經調整分錄與過帳後，在其分類帳上的應有餘額。

　　最後，透過調整後試算表欄的金額之加總，可再次驗證借貸方金額是否已達平衡。若未能達平衡，則下一步驟的財務報表欄亦將呈現不平衡的現象，且財務報表的編製將出現錯誤的結果。

步驟四：　將調整後試算表的金額索引至適當的財務報表處

　　請繼續參考表 9–5。編製工作底稿的第四步驟是將調整後試算表上的會計項目餘額索引至相對應的綜合損益表欄與財務狀況表欄之適當的借方或貸方欄位。例如：現金應填入財務狀況表欄之借方欄位，應付帳款應填入財務狀況表欄之貸方欄位。同理，費用類項目應填入綜合損益表的借方欄位，收入類項目則應填入綜合損益表的貸方欄位。換言之，資產類項目與業主提取應填入財務狀況表的借方欄位，負債類與業主權益則應填入財務狀況表的貸方欄位。但是，累計折舊因屬資產的減項項目，故應填入財務狀況表的貸方欄位。

　　由於工作底稿並未單獨設置保留盈餘表的欄位，因此普通股股本與保留

盈餘項目應填入財務狀況表的貸方欄位。此外，由於股利將減少保留盈餘，因此股利應填入財務狀況表的借方欄位。

步驟五： 加總數字、計算損益、驗算是否借貸平衡

　　請繼續參考表 9–6。編製工作底稿的第五步驟便是將財務報表欄位中由步驟四索引過來的數字予以加總，綜合損益表借貸欄合計數的差異為本期淨利或淨損。由於收入類項目均索引至綜合損益表的貸方欄位，費用類項目均索引至綜合損益表的借方欄位，若綜合損益表的貸方金額合計數大於借方金額合計數，便產生淨利；反之，則為淨損。為使綜合損益表欄位的借方總金額恆等於貸方總金額，當產生淨利時，淨利金額應列記在綜合損益表欄位的借方，接下來將綜合損益表欄的淨利數字填入財務狀況表欄的貸方欄位；反之，當產生淨損時，淨損金額應記在綜合損益表欄位的貸方，接著將綜合損益表欄的淨損數字填入財務狀況表欄的借方欄位。以「尖峰服務諮詢公司」而言，由於貸方金額合計數為 $53,000，小於借方金額合計數 $55,950，故產生淨損 $2,950，應記在綜合損益表的貸方欄位，並索引至財務狀況表的借方欄位。

　　當發生淨利時，在財務狀況表最後一個貸方欄位加上淨利數字意味著業主權益將增加相同的金額；反之，當發生淨損時，則在財務狀況表最後一個借方欄位加上淨利數字意味著業主權益將減少相同的金額。表 9–6 列示完成調整事項後的工作底稿。

　　業主權益的期末餘額不會在工作底稿上單獨列示，但將期初餘額加上淨利（或扣減淨損）並扣除業主提取的餘額，仍可計算出業主權益的期末餘額。總之，在將淨利或淨損數字索引至適當的財務狀況表的欄位後，最後借貸方兩欄的合計數應會相等，若借貸方合計數有差異，代表在編製過程中可能發生一個或數個錯誤，而這些錯誤可能是計算或索引不當所致，但合計數相等也不表示一定完全正確。

　　請注意，在工作底稿的調整分錄欄中填入調整金額並不會在日記簿與分類帳上自動調整分類帳的相關項目，我們仍必須在日記帳上編製調整分錄並過至分類帳，再編製財務報表。換言之，調整分錄欄只是提供有關這些調整分錄的資訊，工作底稿並非財務報表的替代品，而是期末時用以協助會計人員組織資料並編製財務報表的工具。

表 9-2　工作底稿的步驟 1——編製調整前試算表

會計項目	調整前試算表 借方	調整前試算表 貸方	調整分錄 借方	調整分錄 貸方	調整後試算表 借方	調整後試算表 貸方	綜合損益表 借方	綜合損益表 貸方	財務狀況表 借方	財務狀況表 貸方
現金	96,300									
應收帳款	14,000									
用品	25,000									
預付保險費	7,200									
設備	50,000									
累計折舊—設備		0								
應付票據		50,000								
應付帳款		16,000								
預收服務收入		12,000								
應付利息		0								
應付薪資		0								
股本—普通股		100,000								
勞務收入		47,000								
薪資費用	9,000									
水電費	2,000									
廣告費用	2,500									
租金費用	6,000									
用品費用	0									
保險費用	0									
折舊費用	0									
利息費用	0									
股利	13,000									
小計	225,000	225,000								

① 編製調整前試算表：金額來自於調整前之分類帳帳餘額

表 9-3　工作底稿的步驟 2——編製調整分錄

會計項目	調整前試算表 借方	調整前試算表 貸方	調整分錄 借方	調整分錄 貸方	調整後試算表 借方	調整後試算表 貸方	綜合損益表 借方	綜合損益表 貸方	財務狀況表 借方	財務狀況表 貸方
現金	96,300									
應收帳款	14,000		(5) 2,000							
用品	25,000			(2) 15,000						
預付保險費	7,200			(1) 200						
設備	50,000									
累計折舊		0		(3) 750						
應付票據		50,000								
應付帳款		16,000								
預收服務收入		12,000	(4) 4,000							
應付利息		0		(6) 500						
應付薪資		0		(7) 20,000						
股本一普通股		100,000								
勞務收入		47,000		(4) 4,000 (5) 2,000						
薪資費用	9,000		(7) 20,000							
水電費	2,000									
廣告費用	2,500									
租金費用	6,000									
用品費用	0		(2) 15,000							
保險費用	0		(1) 500							
折舊費用	0		(3) 750							
利息費用	0		(6) 500							
股利	13,000									
小計	225,000	225,000	42,450	42,450						

②填入調整分錄

表 9–4　工作底稿的步驟 3——編製調整後試算表

會計項目	調整前試算表 借方	調整前試算表 貸方	調整分錄 借方	調整分錄 貸方	調整後試算表 借方	調整後試算表 貸方	綜合損益表 借方	綜合損益表 貸方	財務狀況表 借方	財務狀況表 貸方
現金	96,300				96,300					
應收帳款	14,000		(5) 2,000		16,000					
用品	25,000			(2) 15,000	10,000					
預付保險費	7,200			(1) 200	7,000					
設備	50,000				50,000					
累計折舊		0		(3) 750		750				
應付票據		50,000				50,000				
應付帳款		16,000				16,000				
預收服務收入		12,000	(4) 4,000			8,000				
應付利息		0		(6) 500		500				
應付薪資		0		(7) 20,000		20,000				
股本－普通股		100,000				100,000				
勞務收入		47,000		(4) 4,000 (5) 2,000		53,000				
薪資費用	9,000		(7) 20,000		29,000					
水電費	2,000				2,000					
廣告費用	2,500				2,500					
租金費用	6,000				6,000					
用品費用	0		(2) 15,000		15,000					
保險費用	0		(1) 200		200					
折舊費用	0		(3) 750		750					
利息費用	0		(6) 500		500					
股利	13,000				13,000					
小計	225,000	225,000	42,450	42,450	248,250	248,250				

③編製調整後試算表

表 9-5　工作底稿的步驟 4——將調整後試算表的金額索引至適當的財務報表處以編製財務報表

會計項目	調整前試算表 借方	貸方	調整分錄 借方	貸方	調整後試算表 借方	貸方	綜合損益表 借方	貸方	財務狀況表 借方	貸方
現金	96,300				96,300				96,300	
應收帳款	14,000		(5) 2,000		16,000				16,000	
用品	25,000			(2) 15,000	10,000				10,000	
預付保險費	7,200			(1) 200	7,000				7,000	
設備	50,000				50,000				50,000	
累計折舊		0		(3) 750		750				750
應付票據		50,000				50,000				50,000
應付帳款		16,000				16,000				16,000
預收服務收入		12,000	(4) 4,000			8,000				8,000
應付利息		0		(6) 500		500				500
應付薪資		0		(7) 20,000		20,000				20,000
股本—普通股		100,000				100,000				100,000
勞務收入		47,000		(4) 4,000 (5) 2,000		53,000		53,000		
薪資費用	9,000		(7) 20,000		29,000		29,000			
水電費	2,000				2,000		2,000			
廣告費用	2,500				2,500		2,500			
租金費用	6,000				6,000		6,000			
用品費用	0		(2) 15,000		15,000		15,000			
保險費用	0		(1) 500		200		200			
折舊費用	0		(3) 750		750		750			
利息費用	0		(6) 500		500		500			
股利	13,000				13,000				13,000	
小計	225,000	225,000	42,450	42,450	248,250	248,250				

表 9-6　工作底稿的步驟 5——加總數字、計算損益、驗算是否借貸平衡

會計項目	調整前試算表 借方	調整前試算表 貸方	調整分錄 借方	調整分錄 貸方	調整後試算表 借方	調整後試算表 貸方	綜合損益表 借方	綜合損益表 貸方	財務狀況表 借方	財務狀況表 貸方
現金	96,300				96,300				96,300	
應收帳款	14,000		(5) 2,000		16,000				16,000	
用品	25,000			(2) 15,000	10,000				10,000	
預付保險費	7,200			(1) 200	7,000				7,000	
設備	50,000				50,000				50,000	
累計折舊		0		(3) 750		750				750
應付票據		50,000				50,000				50,000
應付帳款		16,000				16,000				16,000
預收服務收入		12,000	(4) 4,000			8,000				8,000
應付利息		0		(6) 500		500				500
應付薪資		0		(7) 20,000		20,000				20,000
股本一普通股		100,000				100,000				100,000
勞務收入		47,000		(4) 4,000 (5) 2,000		53,000		53,000		
薪資費用	9,000		(7) 20,000		29,000		29,000			
水電費	2,000				2,000		2,000			
廣告費用	2,500				2,500		2,500			
租金費用	6,000				6,000		6,000			
用品費用	0		(2) 15,000		15,000		15,000			
保險費用	0		(1) 200		200		200			
折舊費用	0		(3) 750		750		750			
利息費用	0		(6) 500		500		500			
股利	13,000				13,000				13,000	
小計	225,000	225,000	42,450	42,450	248,250	248,250	55,950	53,000		195,250
本期淨損								2,950	2,950	
總計							55,950	55,950	195,250	195,250

9-2 編製財務報表

　　由於調整後試算表已摘錄所有分類帳的項目，且已列示出所有財務報表中的會計項目餘額，因此，由調整後試算表的餘額接著編製正式的財務報表，較為容易編製財務報表且避免錯誤的發生。「尖峰服務諮詢公司」的財務報表詳如以下所示，其綜合損益表的金額來自於工作底稿的綜合損益表欄，同樣地，財務狀況表及業主權益變動表的金額來自於工作底稿相對應的財務狀況表欄位。

　　實務上通常以下列順序編製財務報表：綜合損益表、業主權益變動表、財務狀況表、現金流量表。本書也建議採用此順序編製報表，主要是因為編製財務狀況表時需要運用到業主權益變動表的資訊，而編製業主權益變動表時則需要運用當綜合損益表的資訊，因此，財務報表之間具有先後之關連性。至於現金流量表的編製則須根據現金項目及其他相關資料編製，將牽涉較為複雜的分析事項，故後續章節將再詳細介紹現金流量表的編製。

	尖峰服務諮詢公司 綜合損益表 2015 年 10 月 1 日起至 10 月 31 日止	
勞務收入		$ 53,000
營業費用：		
薪資費用	$ 29,000	
水電費	2,000	
廣告費用	2,500	
租金費用	6,000	
用品費用	15,000	
保險費用	200	
折舊費用	750	
利息費用	500	

小計	55,950
本期淨損	$ (2,950)

尖峰服務諮詢公司
保留盈餘變動表
2015 年 10 月 1 日起至 10 月 31 日止

保留盈餘－期初	$ 0
減：本期淨損	$ (2,950)
小計	(2,950)
減：股利	(13,000)
保留盈餘－期末	$ (15,950)

尖峰服務諮詢公司
財務狀況表
2015 年 10 月 31 日

資產		
現金		$ 96,300
應收帳款		16,000
用品		10,000
預付保險費		7,000
設備	$ 50,000	
累計折舊－設備	(750)	49,250
總資產		178,550

負債及股東權益

負債

應付票據	$ 50,000	
應付帳款	16,000	
預收服務收入	8,000	
應付利息	500	
應付薪資	20,000	$ 94,500
股東權益		
股本一普通股	$100,000	
保留盈餘	(15,950)	84,050
負債及股東權益		$178,550

9-3 結帳程序

當會計期間終了、財務報表編製完成後，企業著手使各項會計項目得以在下一個新的會計期間予以重新衡量當年度的交易與事件，為達成此目的，結帳 (Closing Process) 實為一個重要的步驟，稱為結清會計帳簿 (Closing the Books)。

進行結帳之目的有二：

⑴使收益類、費用類以及業主提取（或股利）之會計項目餘額在每期期末時均予以歸零，使其能在新的年度開始（下一會計年度）從頭累計，以便能夠適當地表達次期的損益情況。

⑵有助於彙總當期的收益與費用。

結帳程序包括：

⑴找出需結清的帳戶（僅需結清虛帳戶，之後再詳細說明）。

⑵編製結帳分錄並過至分類帳。

⑶編製結帳後試算表。

一、暫時性項目與永久性項目

1.暫時性項目（虛帳戶、臨時性的項目、名目性項目）

　　暫時性項目 (Temporary Accounts)，又名**虛帳戶**，因為這些項目自新的會計期間起開始記錄當期所發生的交易事件，僅用於累積某一會計期間之相關資料，並在期末予以結清，所以結帳程序主要係針對暫時性項目。

　　暫時性項目包括所有的綜合損益表項目（含**收入類**，如：服務收入，以及**費用類**，如：薪資費用、水電費用、折舊費用、用品費用等）、業主**提取**、**股利**及**損益彙總**等項目。

2.永久性項目（實帳戶）：資產、負債、權益類項目

　　永久性項目 (Permanent Accounts)，又名實帳戶，係用於報導一期或以上的會計期間之資訊，包括所有財務狀況表的項目。這些永久性項目的期末餘額會移轉至下一個會計期間繼續累計，亦即若公司仍擁有資產、積欠負債及擁有權益，**資產、負債**及**業主權益項目**的餘額都不會被結清，仍將被遞轉至下一個會計期間。

　　茲將暫時性項目與永久性項目之內容彙整於表 9–7 所示。

表 9–7　暫時性項目與永久性項目之內容

暫時性項目（虛帳戶）	永久性項目（實帳戶）
所有的收入類項目	所有的資產類項目
所有的費用類項目	所有的負債類項目
業主提取、股利	所有的權益類項目
損益彙總 (Income Summary)	
以上項目在期末時應予結清	以上項目在期末時不應予結清

　　以下說明結帳的程序。

二、結帳分錄之記錄與過帳

在期末會計年度終了時，當編製完成財務報表後，企業應將所有暫時性項目的餘額結清，使得暫時性項目的分類帳餘額為零，並將暫時性項目餘額結轉至永久性項目－業主資本（或保留盈餘（Retained Earnings）），以使所有的暫時性項目餘額自下一個新的會計年度開始時，其分類帳餘額得由零開始累計，使得收入、費用及業主提取項目均僅涵蓋一個會計年度的資訊，稱為結帳。

結帳程序包括編製結帳分錄 (Closing Entry) 並過帳，主要在將收入、費用、業主提取、股利項目的期末餘額結轉至永久性的業主資本（或保留盈餘）項目。

實務上的結帳操作，當結清收入與費用類項目時，為避免直接結轉至業主資本（或保留盈餘）項目造成該項目的複雜度，首先將擬結清的暫時性項目餘額結轉至「損益彙總」(Income Summary) 項目。損益彙總項目也是一個暫時性項目，涵蓋所有收入的貸方餘額以及所有費用的借方餘額，因此，損益彙總餘額即為本期淨利或本期淨損，再將損益彙總餘額結轉至業主資本（或保留盈餘）項目，最後，將業主提取項目（或股利）的餘額結轉至業主資本（或保留盈餘）項目。

當結帳分錄編製完成並均過至其分類帳後，則所有的收入類、費用類、損益彙總及業主提取（或股利）項目的分類帳餘額均已結清為零。

以下延續「尖峰服務諮詢公司」於 2015 年 10 月份的調整後試算表之會計項目餘額，以說明如何結清收入類、費用類、損益彙總及股利項目的四個步驟。詳細說明如下：

步驟一：借記所有收入類項目餘額，並將收入總額貸記損益彙總

第一個結帳分錄係將所有收入類項目的貸方餘額結轉至「損益彙總」，亦即借記相同金額可讓貸方項目餘額歸零。以「尖峰服務諮詢公司」為例，其分錄為：

12月31日	勞務收入 ………………………………………	53,000	
	損益彙總 ………………………………………		53,000
	（結清收入項目）		

　　上述分錄結清所有收入類項目，使其餘額歸零，下一個新的會計期間開始便重新記錄下一期的收入。貸方的「損益彙總」項目僅在期末結帳時才出現，貸方金額 $53,000 等於當期的總收入。

步驟二：　貸記所有費用類項目餘額，並將費用總額借記損益彙總

　　第二個結帳分錄係將所有費用項目的借方餘額結轉至「損益彙總」，貸記相同金額可讓費用類項目的借方餘額歸零。餘額歸零後，下一個新的會計期間開始便重新記錄下一期的費用。以「尖峰服務諮詢公司」為例，其分錄為：

12月31日	損益彙總 ………………………………………	55,950	
	折舊費用－設備 ………………………………		750
	薪資費用 ………………………………………		29,000
	保險費用 ………………………………………		200
	租金費用 ………………………………………		6,000
	用品費用 ………………………………………		15,000
	水電費 …………………………………………		2,000
	廣告費用 ………………………………………		2,500
	利息費用 ………………………………………		500
	（結清費用項目）		

　　上述分錄過帳後使所有費用類項目的餘額歸零，同時也使「損益彙總」的餘額等於 10 月份的淨損 $2,950，所有收入類與費用類項目的借貸方金額均已經結轉至「損益彙總」並予以過帳。因此，因「尖峰服務諮詢公司」10 月份的淨損為 $2,950，使得「損益彙總」產生借方餘額 $2,950。

損益彙總

10/31	55,950	10/31	53,000
10/31	2,950		

步驟三： 將損益彙總結轉至保留盈餘項目

第三個結帳分錄係將「損益彙總」的餘額結轉至「保留盈餘」項目。此分錄將會結清「損益彙總」項目使其項目餘額為零，並將公司淨利或淨損結轉至保留盈餘項目：

12 月 31 日	保留盈餘 ···	2,950
	損益彙總 ···	2,950
	（結清損益彙總項目）	

上述分錄過帳後使得「損益彙總」項目餘額歸零，直到下一個新的會計期間期末結帳程序開始前都不會有餘額。至於保留盈餘項目目前貸方金額的增加（或減少）主要係來自於本期淨利（或淨損）。

步驟四： 將股利結轉至保留盈餘項目

由於股利並非公司的費用，因此第四個結帳分錄係將「股利」的借方餘額結轉至「保留盈餘」項目，以減少公司的保留盈餘。茲以「尖峰服務諮詢公司」2015 年 10 月份發放的股利 $13,000 為例，說明股利的結帳分錄如下：

12 月 31 日	保留盈餘 ···	13,000
	股利 ···	13,000
	（結清業主提取項目）	

上述分錄過帳後將使得股利項目餘額歸零，並可開始記錄下一個新的會計期間、即下一期發放的股利。上述分錄同時也使得保留盈餘的餘額減少 $13,000，餘額代表公司期末的累積未分配盈餘。

三、編製結帳後試算表

　　經上述結帳分錄與過帳後，所有的暫時性項目的分類帳餘額均已結清為零，永久性項目的餘額並不會被結清。

　　為驗證結帳程序是否正確，接下來透過編製結帳後試算表 (Post-closing Trial Balance) 驗證之。請注意：結帳後試算表的項目均為永久性項目，亦即為分類帳上所有結帳分錄編製及過帳後的餘額，而其所列示者係為帳戶無須結清的永久性會計項目餘額，即公司財務狀況表上的資產、負債及業主權益（或股東權益）等相關項目。透過結帳後試算表可進一步協助驗證：

⑴永久性項目的借方餘額是否等於貸方餘額。

⑵所有暫時性項目的餘額是否均已結清且均為零。

　　以下列示「尖峰服務諮詢公司」2015 年 10 月份的結帳後試算表。結帳後試算表是會計處理程序的最後一道步驟，但與調整前或調整後試算表一樣，即使結帳後試算表已呈現平衡，仍無法保證其內容可證明所有交易均已入帳，或其分類帳均為正確無誤。

尖峰服務諮詢公司
結帳後試算表
2015 年 10 月 31 日

	借方金額	貸方金額
現金	$ 96,300	
應收帳款	16,000	
用品	10,000	
預付保險費	7,000	
設備	50,000	
累計折舊		$ 750
應付票據		50,000
應付帳款		16,000

預收服務收入		8,000
應付利息		500
應付薪資		20,000
股本─普通股		100,000
保留盈餘	15,950	
合計	$195,250	$195,250

　　以上為「尖峰服務諮詢公司」2015 年 10 月 31 日經調整與結帳分錄並過帳後之所有的分類帳，帳上所有的暫時性項目（如：收入、費用、業主提取、股利）項目的餘額均為零。

9–4　會計循環之彙整

　　會計循環 (Accounting Cycle) 係指編製財務報表的所有步驟，因這些步驟在每一會計期間均重複發生，故稱之為循環。

　　表 9–8 彙整自分析交易開始到編製結帳後試算表之會計循環的步驟，並依序列出會計循環的 10 個步驟。

　　步驟 1~3 係記錄公司日常所發生的交易事項；步驟 4~7 在期末定期執行，如：每月、每季或每年；步驟 8~9 通常僅在每年度的會計年度終了時始執行。至於編製工作底稿或迴轉分錄則並非必要的步驟。

　　以上所有步驟的詳細說明請參閱第三～六章。

表 9-8 會計循環步驟之彙整

會計循環步驟		
根據原始憑證	1.分析交易	分析交易以便編製日記帳
平時會計處理程序	2.在日記帳編製分錄	在日記帳上記錄項目的借貸方金額
	3.過帳	將日記帳上的借貸方金額過至分類帳
	4.編製調整前試算表	彙整所有分類帳上的調整前項目及其餘額
期末會計處理程序	5.編製調整分錄	記錄相關調整更新項目餘額，編製調整分錄並過帳
	6.編製調整後試算表	彙整所有分類帳上的調整後項目與餘額
	7.編製財務報表	使用調整後試算表編製財務報表
年底結帳程序	8.編製結帳分錄並過帳	編製有關結清暫時性項目的分錄過帳，以更新業主資本項目餘額
	9.編製結帳後試算表	確認結帳程序的數學運算是否正確
選擇性程序	10.編製迴轉分錄（非必要步驟）	在下一期間迴轉部分的調整分錄（非必要步驟）

練習題 ▶

一、選擇題

1. 下列那些項目將於結帳分錄中結清　①股利　②預付保險費　③其他綜合損益－建築物重估增值　④減損損失　⑤預收收入　⑥存出保證金
   (A)僅①②③
   (B)僅②④⑤
   (C)僅①④⑥
   (D)僅①③④ 　　　　　　　　　　　　　　　　　　　103 年地特

2. 甲公司期初資產總額 $800,000、期初負債總額 $500,000、本期銷貨收入 $1,210,000、銷貨退回 $10,000、銷貨成本 $700,000、期末存貨 $100,000、營業費用 $300,000、利息支出 $100,000，則期末結帳後的股東權益為若干？
   (A) $100,000
   (B) $200,000
   (C) $300,000
   (D) $400,000 　　　　　　　　　　　　　　　　　　　103 年記帳士

3. 結帳後佣金收入帳戶餘額應為：
   (A)借餘。
   (B)貸餘。
   (C)可能借餘也可能貸餘。
   (D)無餘額。 　　　　　　　　　　　　　　　　　　　102 年記帳士

4. 下列那一個程序在企業會計循環中屬選擇性（非必要）的步驟？
   (A)作調整分錄
   (B)交易記入日記簿
   (C)編製財務報表
   (D)作廻轉分錄 　　　　　　　　　　　　　　　　　　　102 年記帳士

5. 下列那一個科目是實帳戶？
   (A)預收收入
   (B)利息費用

(C)銷貨收入

(D)薪資費用　　　　　　　　　　　　　　　102 年初等

6. 若未作應計收入之調整分錄會導致下列何種結果？

(A)資產低估，收入低估

(B)資產高估，費用低估

(C)銷貨成本高估

(D)負債低估，收入低估　　　　　　　　　102 年初等

7. 下列何者不屬費損類科目？

(A)預付費用

(B)存貨盤損

(C)處分損失

(D)投資損失　　　　　　　　　　　　　　102 年初等

8. 若去年年底期末存貨低估，今年帳載資料皆正確，則影響今年損益為何？

(A)銷貨成本高估

(B)本期淨利低估

(C)本期淨利高估

(D)銷貨毛利低估　　　　　　　　　　　　102 年初等

9. 賒購商品 $1,000 卻誤記為現購商品 $1,000，會造成試算表產生何種現象？

(A)借貸相等且金額正確

(B)借貸相等但金額同時低估 $1,000

(C)借貸相等但金額同時高估 $1,000

(D)借貸相等但金額相差 $2,000　　　　　　101 年身心障礙

10. 若期末由於會計人員疏失，公司未記錄應計收入之調整分錄，此對公司財
務報表將有何種影響？

(A)高估淨利，高估資產

(B)高估淨利，低估資產

(C)低估淨利，高估資產

(D)低估淨利，低估資產　　　　　　　　　101 年身心障礙

二、問答題

1. 請確認以下列示的會計項目中，哪些項目在會計年度結束時應結帳至「損益彙總」的會計項目？

   (1) 應付帳款

   (2) 累積折舊－房屋

   (3) 折舊費用－房屋

   (4) 劉先生資本

   (5) 劉先生提取

   (6) 設備

   (7) 服務收入

   (8) 土地

   (9) 薪資費用

   (10) 應付薪資

   (11) 用品

   (12) 用品費用

2. 下列為會計循環中的各項處理步驟，請按照實際會計程序排列其字母順序。

   (1) 編製結帳後試算表

   (2) 日記簿分錄過帳至分類帳

   (3) 在日記簿作調整分錄並過帳至分類帳

   (4) 編製調整後試算表

   (5) 在日記簿作結帳分錄並過帳至分類帳

   (6) 分析交易事項

   (7) 編製財務報表

   (8) 編製調整前試算表

   (9) 交易事項在日記簿作分錄

3. 蕭大同先生於 2015 年 1 月 1 日投資現金 $360,000 設立甲山水公司，2015 年 12 月 31 日時，該公司的經調整事項後的臨時性會計項目如下，這些項目均為正常餘額：

服務收入	$864,000	利息收入	$ 10,800

薪資費用	480,000	蕭大同提取	168,000
折舊費用	120,000	水電費用	79,200

試問：

⑴經完成結帳程序後，「損益彙總」項目的餘額應為多少？

⑵蕭大同資本帳戶的餘額應為多少？

4. 漢方食品公司在 2015 年度的會計期間結束時，所有收入與費用項目經結帳程序後顯示：「損益彙總」項目的借方餘額為 $12,309,600，且貸方餘額為 $17,504,400。2015 年度期間，「林先生資本」項目有貸方餘額 $9,736,800，「林先生提取」項目有 $960,000 的借方餘額。

試問：

⑴完成漢方食品公司 2015 年度應有的結帳分錄。

⑵經結帳程序後，林先生資本項目的餘額應為多少？

5. 蔡創意先生於 2015 年 1 月 1 日設立創意顧問公司，以提供客戶提升其豐富的想像力。在 2015 年 12 月 31 日會計年度結束時，該公司的經調整事項後的會計項目如下，這些項目均為正常餘額：

蔡先生資本	$7,978,000
蔡先生提取	1,080,000
服務收入	9,136,800
薪資費用	4,927,200
租金費用	1,776,000
用品費用	372,000
雜項費用	108,000

試問：

⑴完成創意顧問公司 2015 年度應有的結帳分錄。

⑵經結帳程序後，蔡先生資本項目的餘額應為多少？

6. 試由下列 T 字帳的資訊，編製期末的結帳分錄，並將結帳分錄過帳至 T 字帳戶中。

李先生資本

		12/31	1,008,000

李先生提取

12/31	600,000		

損益彙總

損益彙總(空白)

服務收入

		12/31	1,776,000

租金費用

12/31	230,400		

薪資費用

12/31	504,000		

保險費用

12/31	108,000		

折舊費用

12/31	408,000		

7. 盈騰公司於 2015 年 12 月 31 日會計年度結束時，經調整後的試算表之會計項目及其餘額列示如下：

編號	項目名稱	借方	貸方
101	現金	$456,000	
126	用品	312,000	
128	預付保險費	72,000	

167	設備	576,000	
168	累積折舊—設備		$ 180,000
301	洪先生資本		1,142,400
302	洪先生提取	168,000	
404	服務收入		1,056,000
612	折舊費用—設備	72,000	
622	薪資費用	528,000	
637	保險費用	60,000	
640	租金費用	81,600	
652	用品費用	52,800	
	合計	$2,378,400	$2,378,400

試完成盈騰 2015 年度期末應有的結帳分錄。

8. 秦宋公司於 2015 年度經調整後試算表列示如下，試完成該公司 2015 年度期末應有的結帳分錄。

編號	項目名稱	借方	貸方
101	現金	$ 220,800	
106	應收帳款	600,000	
153	設備	1,008,000	
154	累積折舊—設備		$ 420,000
193	加盟權	744,000	
201	應付帳款		360,000
209	應付薪資		100,800
233	預收服務費		86,400
301	林先生資本		1,764,000
302	林先生提取	369,600	

401	服務收入		1,920,000
611	折舊費用—設備	288,000	
622	薪資費用	780,000	
640	租金費用	312,000	
677	雜項費用	208,800	
901	損益彙總		
	合計	$4,531,200	$4,531,200

9. 光明公司於 2015 年度經調整程序後，保留盈餘及臨時性會計項目列示如下：

項目名稱	借方	貸方
保留盈餘		$ 830,400
服務收入		792,000
利息收入		151,200
薪資費用	$ 633,600	
保險費用	115,200	
租金費用	177,600	
用品費用	98,400	
折舊費用—卡車	278,400	

試問：

(1)完成光明公司 2015 年度期末應有的結帳分錄。

(2)經結帳程序後，記載在財務狀況表的保留盈餘餘額應為多少？

10. 明水公司於 2015 年度經調整程序後，從 10 欄式工作底稿中萃取部分的綜合損益表欄位項目列示如下：

試問：

(1)明水公司編製 2015 年工作底稿時,淨利應列在工作底稿的借方或貸方位置的金額為多少?

⑵編製甲公司的結帳分錄（已知業主黃先生在 2015 年度並未有任何的提
　取）。

項目名稱	借方	貸方
租金收入		$2,880,000
薪資費用	$1,111,200	
保險費用	177,600	
租金費用	384,000	
用品費用	100,800	
折舊費用—設備	492,000	
合計		
淨利		
合計		

11.佳珍公司於 2015 年 7 月 31 日經結帳程序後的試算表列示如下：

佳珍公司
結帳後試算表
2015 年 7 月 31 日

現金	$ 123,000	
應收帳款	444,000	
用品		$ 26,400
設備		840,000
累積折舊—設備	266,400	
應付帳款	150,000	
應付薪資		36,000
預收租金	72,000	
張先生資本	909,000	
	$1,964,400	$902,400

試為佳珍公司編製正確的結帳後試算表（假設所有會計項目均為正常餘額且金額皆為正確）。

12.中華搬運行 2016 年 12 月 31 日之試算表如下：

中華搬運行
試算表
2016 年 12 月 31 日

現金	$ 35,000	
應收帳款	20,000	
用品盤存	2,500	
預付保險費	5,000	
辦公設備	8,000	
累計折舊—辦公設備		$　1,000
運輸設備	60,000	
累計折舊—運輸設備		10,000
應付帳款		11,000
應付票據		15,000
陳中資本		67,000
陳中提取	24,000	
勞務收入		136,000
租金費用	8,000	
薪資費用	57,000	
燃料費	15,000	
雜費	5,500	
合計	$240,000	$240,000

12 月 31 日應調整之項目：

A.期末盤點，用品尚結存 $1,000

B.預付保險費尚餘 $3,000

C.本年折舊: 辦公設備 $400, 運輸設備 $6,000

D.應付薪資 $5,000

E.應付水電費 $500 (歸屬雜費)

F. 12 月 31 日為顧客提供之搬運服務業已完成, 搬運費 $1,600, 尚未與顧客結算, 亦未入帳

試作下列事項:

⑴編製工作底稿

⑵作結帳分錄

13.試完成下列工作底稿 (在八欄中註有⑴至⒂之處, 填入適當之金額)。

信昌行
工作底稿
2016 年度

會計科目	試算表		調 整		損益表		資產負債表	
	借方	貸方	借方	貸方	借方	貸方	借方	貸方
現金	150						(18)	
應收帳款	(1)		(4)				680	
預付租金	200			(9)			185	
用品盤存	90			(10)			60	
辦公設備	800						(19)	
累計折舊—辦公設備		(2)		35				105
應付帳款		90						(22)
張信昌資本		(3)						(23)
張信昌提取	200						(20)	
勞務收入		1,400		80		(16)		
薪資費用	400		20		(13)			

會計科目								
水電瓦斯費	70		(5)		80			
租金費用	250		(6)		(14)			
	2,760	2,760						
用品費用			(7)		30			
折舊費用			(8)		35			
應付薪資				(11)				(24)
應付水電瓦斯費				(12)				10
			190	190	830	(17)	2,075	(25)
本期淨利					(15)			(26)
					1,480	1,480	(21)	2,075

14. 威而得服務社所編製之部分工作底稿如下：

威而得服務社
（部分）工作底稿
2016 年 12 月 31 日

會計科目	調整後試算表		損益表		資產負債表	
	借方	貸方	借方	貸方	借方	貸方
現金	26,615					
應收帳款	70,485					
預付保險費	6,540					
辦公設備	147,800					
累計折舊—辦公設備		20,478				
應付帳款		48,630				
預收收入		12,000				
業主資本		150,000				
業主提取	2,000					

	借方	貸方			
勞務收入		78,430			
薪資費用	35,240				
折舊費用	12,420				
應付薪資		12,040			
保險費	3,478				
租金費用	17,000				
	321,578	321,578			

試作：

(1)完成以上工作底稿

(2)結帳分錄

15.明山旅社 2016 年度工作底稿之損益表專欄及資產負債表專欄如下：

明山旅社
工作底稿
2016 年度

會計科目	損益表		資產負債表	
	借方	貸方	借方	貸方
現金			96,320	
應收帳款			21,750	
預付保險費			12,000	
辦公設備			2,320,000	
累計折舊－辦公設備				546,000
運輸設備			650,000	
累計折舊－運輸設備				230,400
應付帳款				38,700
預收收入				24,000
應付薪資				82,500

業主資本				2,000,000
業主提取			3,000	
勞務收入		400,570		
薪資費用	158,900			
保險費	2,000			
折舊費用	40,000			
雜費	9,160			
修繕費	9,040			
	219,100	400,570	3,103,070	2,921,600
本期淨利	181,470			181,470
	400,570	400,570	3,103,070	3,103,070

試作下列事項:

(1)結帳分錄

(2)結帳後試算表

16.瑞新商行 2016 年 6 月 30 日試算表資料如下:

	調整前	調整後	結帳後
應付帳款	$ 54,200	$ 54,600	(11)
應付利息	0	(6)	$ 6,000
應收帳款	13,820	13,820	(12)
預付保險費	6,820	(7)	5,115
辦公設備	(1)	281,600	(13)
累計折舊—辦公設備	(2)	60,000	60,000
現金	64,670	64,670	(14)
勞務收入	237,500	241,500	(15)
薪資費用	148,300	(8)	(16)

應付薪資	0	50,000	(17)
利息費用	(3)	18,140	0
雜費	16,350	16,750	0
租金費用	10,000	10,000	(18)
業主資本	250,000	250,000	(19)
業主提取	(4)	(9)	0
預收收入	(5)	4,000	(20)
折舊費用	0	6,000	0
保險費	0	(10)	0
合計	$1,207,400	$1,332,200	$730,410

試作下列事項：

(1)計算上表中(1)至(20)空白處之金額

(2)調整分錄

(3)結帳分錄

第十章

買賣業營業活動與會計處理

前 言

在所有的經營行業中，買賣業是最常見且最有影響力的行業，因此，瞭解買賣業的財務報表之編製原理是相當重要的。

本章主要介紹買賣業在永續盤存制的基礎下，採購活動與銷貨交易的營業活動與會計處理方法，最後彙整說明買賣業的會計循環之流程以及如何編製並分析買賣業的綜合損益表。

學習架構

- 瞭解買賣業的主要活動、損益衡量流程與營業循環。
- 分別說明定期盤存制與永續盤存制基礎下，商品存貨之評價流程。
- 說明買賣業在永續盤存制的基礎下，購貨交易的會計處理方法，包括：運費、購貨退回及折讓、購貨折扣等的認列方式。
- 說明買賣業在永續盤存制的基礎下，銷貨交易的會計處理方法，包括：銷貨退回及折讓、銷貨折扣等的認列方式。
- 介紹買賣業的多站式綜合損益表的特色。

10-1 買賣業的營業活動

　　前幾章介紹的服務業主要透過提供顧客勞務或服務後以賺取佣金或手續費等收入，上述收入扣除相關的營業費用後則產生服務業的利潤。然而，買賣業 (Merchandising) 與服務業則有所不同。買賣業者 (Merchandiser) 主要透過商品的買與賣賺取中間的價差收入，例如：美商 Walmart、法商 Carrefour、及擁有 140 年歷史且根源於瑞士的雀巢 (Nestlé) 公司等均屬於買賣業公司 (Merchandising Companies)。由於上述公司皆以買賣商品 (Merchandise) 而非提供勞務，作為主要的收入來源；而「商品」則包括公司取得後再轉賣給顧客的所有產品或貨物。

　　買賣業可分為批發商 (Wholesalers) 與零售商 (Retailers) 兩種。其中批發商是指向製造商或其他批發商進貨再轉賣給零售商或其他批發商的買賣業者，批發商對零售商提供有關商品的促銷、市場資訊以及財務上的援助，同時也為製造商提供銷售管道、市場資訊，降低製造商的存貨成本與風險（如圖 10-1 所示）。在美國的一些較著名的批發商如：Grupo Casa Saba S.A.de C.V、Corporate Express、Fleming、SuperValu、McKesson 及 Sysco 等。另一方面，零售商 (Retailer) 則是指向製造商或批發商進貨後再直接轉賣給消費者的買賣業者，如：Walgreens、Office Depot、Gap、Oakley、CompUSA、Wal-Mart 及 MusicLand 等均屬零售商。許多零售商如 Best Buy 則同時銷售商品並提供服務，換言之，買賣業者也可能身兼服務業。

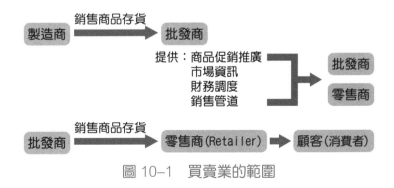

圖 10-1　買賣業的範圍

一、買賣業的損益衡量流程

　　買賣業主要的收入來源為商品的銷售，稱為銷貨收入 (Sales Revenue, Sales)，買賣業者主要的費用則有兩大類，分別為：銷貨成本 (Cost of Goods Sold) 與營業費用 (Operating Expense)。其中銷貨成本是指在一段會計期間內銷售給顧客的商品成本 (Total Cost of Merchandise Sold)，其在買賣業的綜合損益表上通常是金額最大的扣除項目。營業費用則泛指因商品銷售而認定收入之直接攸關的所有花費。因此，買賣業者的淨利 (Net Income) 或淨損 (Net Loss) 主要是來自銷售商品所賺取的銷貨收入超過銷售成本與其他當期營業費用的盈餘。如圖 10–2 說明買賣業的損益衡量流程 (Income Measurement Process)，其中中間的兩項反白處為買賣業者與服務業主要不同之處。

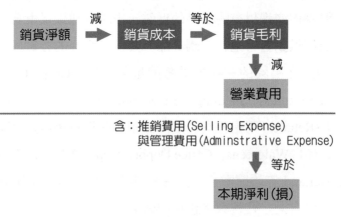

圖 10–2　買賣業的損益衡量流程

1.銷貨淨額

　　銷貨淨額 (Net Sales) 等於「銷售總額」(Sales Revenue) 減「銷貨退回及折讓」(Sales Returns and Allowances)（為售價的讓價）以及「銷貨折扣」(Sales Discounts) 後之淨額。

2.銷貨成本 (Cost of Goods Sold)

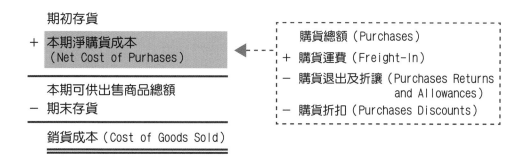

　　期初存貨
+ 本期淨購貨成本
　(Net Cost of Purhases)
────────────
　本期可供出售商品總額
− 期末存貨
────────────
　銷貨成本 (Cost of Goods Sold)

　　購貨總額 (Purchases)
+ 購貨運費 (Freight-In)
− 購貨退出及折讓 (Purchases Returns and Allowances)
− 購貨折扣 (Purchases Discounts)

二、買賣業的營業循環

　　買賣業的營業循環 (Operating Cycle) 自買進商品開始，到出售商品收到現金為止，例如：買賣業者向批發商買進商品後將商品運至零售商處再賣給銷費者。買賣業的營業循環通常較服務業為長久，營業循環的長短則視業別而定，例如：百貨公司的營業循環通常為三到五個月左右。

　　圖 10–3 (a)、(b)分別說明服務業與買賣業的營業循環。其中圖 10–3 (a)為服務業的營業循環，以賒欠為例，由現金→提供服務→應收帳款→現金。圖 10–3 (b)為買賣業的營業循環，以賒銷循環為例，由買入商品存貨→出售商品→賒銷產生應收帳款→收到款項 (現金)，一直要到顧客支付應收帳款才能算收現。由於將資金積壓在存貨或應收帳款並不具任何生產力，故買賣業者總是想盡辦法以縮短其營業循環。

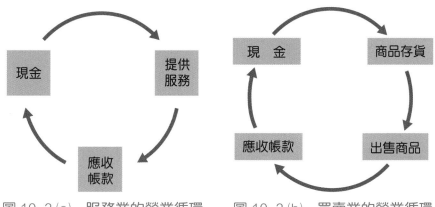

圖 10–3 (a)　服務業的營業循環　　圖 10–3 (b)　買賣業的營業循環

　　商品存貨是買賣業公司持有並預期未來能提供正常營業活動出售的產品，稱為「存貨」(Inventory)，屬於資產類會計項目，在財務狀況表中歸類為流動資產。

三、買賣業的成本流程

　　買賣業的成本流程 (Flow of Costs) 為：「期初存貨」(Beginning Inventory) 加「購貨淨額」(The Cost of Goods Purchased) 等於「可供銷售商品總成本」(The Cost of Goods Available for Sale)，當商品存貨出售後便被轉成「銷貨成本」(Cost of Goods Sold)。同理，會計年度結束時尚未出售的商品存貨即為「期末存貨」(Ending Inventory)。

　　由圖 10-4 顯示：存貨係整個買賣活動的一部分，買賣業者的可供出售商品總額乃是由期初存貨加上本期進貨淨額所組成，到了期末，可供出售商品總額不是在當期已出售（應轉為銷貨成本），便是在期末尚未出售、擬遞轉至未來出售之期末存貨。

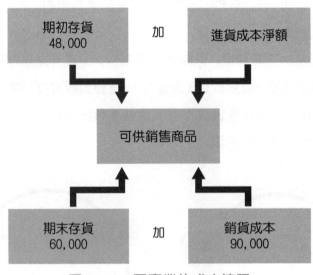

圖 10-4　買賣業的成本流程

　　買賣業計算銷貨成本以及可供銷售商品總成本的存貨會計制度有兩種方式，分別為：定期盤存制與永續盤存制。

1. 定期盤存制

　　定期盤存制 (Periodic Inventory System) 並未隨時隨地顯示每一項尚未出售的商品存貨之連續性或詳細的記錄，而是在會計年度結束時才透過實地盤點予以定期地更新期末「存貨」項目，據以反映可供銷售以及已銷售商品的數量及成本。換言之，定期盤存制在會計期間當中，商品成本透過記載於「進貨」(Purchases) 的暫時性項目中，當銷售商品時僅記錄銷貨收入而不記錄銷貨成本。等到期末編製財務報表時，公司始進行存貨的實體盤點以確定期末尚未出售的商品數量，再乘以進貨項目中所記錄的各商品原始單位成本便可算出期末存貨總成本。最後，將可供銷售商品的總成本減去期末存貨，便可進一步算出當期的「銷貨成本」。以下說明定期盤存制之下，決定銷貨成本的步驟：

⑴決定期初存貨的成本。

⑵將期初存貨加上本期進貨，即為本期可供銷售之商品總額。

⑶將可供銷售商品總額減去期末存貨，即為本期的銷貨成本。

　　若干銷售次數頻繁、銷售量大但單位售價較低的百貨商品，習慣上均採用定期盤存制。若無電腦掃描器等電子系統的輔助，會計系統不可能去追蹤每一筆交易頻繁且低價的商品，如：飲料、原子筆、牙膏、棒棒糖、襪子或衛生紙等銷售狀況。

2. 永續盤存制

　　永續盤存制 (Perpetual Inventory System) 係在商品存貨的買或賣過程中，隨時隨地記錄商品存貨增減變動明細狀況的會計處理方法。換言之，永續盤存制隨時顯示每一項尚未出售的商品存貨之連續性記錄。例如：知名的時尚服飾公司針對每一種型號的服飾均保有個別的明細紀錄。在此方法之下，商品存貨的購貨淨額（借方）及每一筆銷貨成本（貸方）均在「存貨」項目中加以記錄。每當銷售一筆商品時，在永續盤存制的基礎下便立即在「銷貨成本」項目中記錄相關的已出售商品之銷貨成本。因此，在此制度下，我們只需查閱「存貨」項目餘額便可隨時知悉可供銷售商品之總成本；同理，查閱「銷貨成本」項目餘額也可隨時瞭解本期已出售商品的銷貨成本金額。

　　在電腦科技普遍前，永續盤存制的使用僅限於日常買賣交易較少、單位

售價高的公司；正因為交易少，永續盤存制才可行。時至今日，電腦科技已日新月異且廣泛運用的資訊時代，永續盤存制的運用也隨之大幅提升。由於永續盤存制能提供使用者更多的即時資訊，本章遂以永續盤存制買賣業會計處理方法的主要說明依據。

10–2 購買商品存貨之會計處理

　　以下介紹買賣業購買商品存貨時，相關的購貨成本、購貨運費 (Transportation Cost)、購貨退回及折讓 (Purchase Returns and Allowance) 以及購貨折扣 (Purchase Discounts) 之會計處理。在永續盤存制基礎下，上述攸關存貨的交易，均記載在「存貨」會計項目之下。

一、所有權的移轉時點

　　所有權移轉的時點稱為交貨點 (Free on Board, F.O.B)，商品所有權何時由賣方移轉至買方將牽涉到運費以及其他與交貨有關的費用，如：保險費應由誰來支付的問題。圖 10–5 說明兩種不同的交貨點。

起運點交貨	貨運公司	目的地交貨
(買方支付運費)		(賣方支付運費)

圖 10–5　交貨點之說明

1.起運點交貨

　　起運點交貨 (F.O.B Shipping Point) 表示商品所有權在賣方的營業處所便移轉給買方，賣方在起運點（賣方營業處所）即可認定收入已實現。因此，買方必須負擔運輸費用並承擔商品運送過程中可能產生的損壞或損失的風險。由於商品所有權在賣方的營業處所已移轉給買方，故在運送路途中的商

品應屬於買方商品存貨的一部分。

在起運點交貨的買賣條件下，購貨運費 (Transportation Cost, Freight-in) 與保險費應由買方負擔，且作為買方的商品存貨成本之一部分。

除非有特殊的聲明，通常假設商品的所有權在起運點移轉，亦即買方須自行負擔購貨運費。

2.目的地交貨

目的地交貨 (F.O.B Destination) 表示商品所有權要等到商品運送至買方營業處所時才真正移轉給買方，由於商品所有權在抵達買方營業處所前交易都不算完成，故賣方也不能認列相關的銷貨收入。換言之，賣方須等到商品到達目的地（買方營業處所）後始可認定收入已實現。因此，賣方須負擔運輸費用並承擔商品運送過程中可能產生的損壞或損失的風險。表 10–1 彙整說明兩種交貨點之運費支付者。

表 10–1　兩種交貨條件下之承擔運費者

	所有權移轉時點	承擔運費者
起運點交貨	商品所有權在賣方的營業處所移轉給買方	買方
目的地交貨	商品所有權在買方的營業處所移轉給買方	賣方

當不須負擔運費的一方卻先墊付運費給貨運公司時，實際支付運費者通常會開立單據向應負擔運費的一方請款；或是調整「應付帳款」或「應收帳款」項目的金額。例如：在目的地交貨的條件下，若買方先墊付運費給貨運公司，則買方便可扣減等同於運費的應付帳款金額。同理，在起運點交貨的條件下，若賣方先墊付運費給貨運公司，則賣方便可增加等同於運費的應收帳款金額。

二、買入商品存貨（以永續盤存制為例）

許多大型的零售業者採用永續盤存制之目的，不僅是為了監控存貨的數量，也能透過庫存數量的警訊自動地發出請購單以補充存貨達到安全庫存量。

當採購公司發出請購單時，主要在提醒供應商應於特定日期提供某項商品存貨之特定數量，同時供應商也承諾將如期交貨。由於請購單代表買賣雙方的共同約定，因此，不需要作會計分錄。

然而，當採購公司收到所請購的商品時，經驗收無誤後，應根據所附的發票，作正式的採購分錄。亦即在永續盤存制下，待出售商品成本係記錄於「存貨」項目。

若「歡樂購物公司」於 2016 年 7 月 1 日賒欠 \$21,000 購入商品，此項購貨交易的分錄編製如下：

7 月 1 日　存貨 ·······················	21,000	
應付帳款 ·····················		21,000
（以現金買入商品）		

在編製購貨分錄後，歡樂購物公司的存貨 T 字帳項目餘額表示該公司的商品存貨之購入總額為 \$21,000，而應付帳款項目餘額為 \$21,000，表示該筆應付帳款尚未償還，其 T 字帳分別列示如下：

存貨			應付帳款	
7/1	21,000		7/1	21,000
餘額	21,000		餘額	21,000

日後當歡樂購物公司償還賒欠供應商的 \$21,000 貨款時，則會計處理將借記「應付帳款」，貸記「現金」。

通常買方持有發票 (Invoice) 的正本，賣方僅留副本。此原始憑證（發票）對歡樂購物公司（買方）而言為進貨發票，對供應商而言則為銷貨發票。此批商品存貨的成本除了購貨金額之外，另外還必須考慮購貨運費、營業稅及其他使該商品存貨達到可供銷售狀態前所發生的一切必要的花費，均應屬於此批商品存貨的總成本。因此，欲正確計算購貨交易的總成本，尚有必要進行下列事項的調整：

1.購貨的運輸費用 (Transportation Cost)。

2.購貨退出及折讓 (Purchase Returns and Allowances)。

3.供應商給予買方的購貨折扣 (Purchase Discounts)。

4.供應商為促銷商品的商業折扣 (Trade Discounts)。

　　以下逐一說明上列事項將如何影響購貨交易的總成本以及其會計處理方式。

三、購貨運費

　　買賣雙方通常會事先在銷售合約上，約定將由買方或賣方支付購貨運費 (Transportation Cost, Freight-in)（或稱商品運費）。若歡樂購物公司（買方）於 2016 年 7 月 1 日購入 $21,000 的商品存貨屬於起運點交貨 (FOB Shipping Point)，表示商品的所有權在起運點即已移轉給歡樂購物公司（買方），因此買方必須自行支付商品的運輸費用。此項運費（即購貨運費）會增加歡樂購物公司（買方）的「商品存貨」項目之成本。反之，若屬於目的地交貨 (FOB Destination)，表示商品的所有權一直到目的地才會移轉給歡樂購物公司（買方），因此，供應商（賣方）必須支付商品的運輸費用 (Transportation Cost, Freight-out)，屬於賣方的銷貨費用 (Selling Expense)，則買方便無須支付任何運費。

　　在買方須負擔購貨運費的情況下，買方可能會直接將運費支付給貨運公司或供應商。若買方直接將運費支付予供應商，則該筆運輸費用會列示於購貨發票上。然而，若買方直接將運費支付給貨運公司，則該筆費用將不會包含在發票金額內。

　　因此，購貨運費與銷貨費用不同。當買方須自行負擔購貨運費時，則運費應屬於買方的商品存貨之成本。當賣方須支付運送商品給顧客的運輸費用時，該項運費則於賣方的損益表上列為銷售費用。

　　根據成本原則，運輸費用也是購買商品存貨的一部分成本。因此，若運費未出現在發票金額上，便須另行作分錄加以記錄該項運輸費用。假設歡樂購物公司的購貨條件屬於起運點交貨 (F.O.B Shipping Point)，且買方直接將 $750 的運費支付給貨運公司，則支付運費的分錄應為：

7 月 1 日 存貨 ⋯⋯⋯⋯⋯⋯⋯⋯⋯⋯⋯⋯⋯⋯⋯⋯⋯⋯⋯	750	
現金 ⋯⋯⋯⋯⋯⋯⋯⋯⋯⋯⋯⋯⋯⋯⋯⋯⋯⋯⋯		750
（買方將運費直接支付現金給貨運公司）		

在編製購貨運費分錄後，歡樂購物公司的存貨 T 字帳項目餘額表示該公司的「購貨總額」為 $21,750，其 T 字帳列示如下：

存貨				應付帳款	
7/1	21,000			7/1	21,000
7/1	750				
餘額	21,750			餘額	21,000

四、購貨退出及折讓

當商品存貨購入後，若發現有瑕疵、毀損或規格不符的情況，買方通常會向供應商要求：⑴將商品退還給供應商並要求退回該商品的全數貨款，稱為購貨退出 (Purchase Returns)；或⑵保留商品但向供應商要求減少部分貨款，若供應商願給予買方合理的減價，則買方通常不會退還有瑕疵但仍可出售的商品，稱為購貨折讓 (Purchase Allowances)。無論是採取上述哪一種方法，統稱為「購貨退出及折讓」(Purchase Returns and Allowances)，皆將減少商品存貨的總成本、退回現金或減少應付給供應商的貨款。

當發生購貨退出及折讓時，買方通常會開立「借項通知單」(Debit Memorandum) 通知供應商其採取購貨退出或折讓的行為。買方透過借項通知單的編製以通知供應商其將借記相關「應付帳款」項目的書面通知文件，通常在該借項通知單上也會註明購貨退出或折讓的原因，以使供應商瞭解買方要求退回瑕疵品或給予折讓之理由。

若歡樂購物公司於 2016 年 7 月 2 日發現昨日新購入商品中部分有損壞的情況，故開立借項通知單通知供應商並要求退回商品 $1,000，則該公司取得供應商同意該公司抵減其賒欠的貨款，立即進行更新商品存貨項目餘額的分錄如下：

7月2日　應付帳款 ………………………………………… 1,000

　　　　　存貨 …………………………………………… 1,000

　　　　（退回損壞商品 1,000 予供應商）

　　在編製購貨退出及折讓分錄後，歡樂購物公司的存貨 T 字帳項目餘額表示該公司因「購貨退出及折讓」使得存貨成本減少 $1,000，同時應付帳款項目減少 1,000 元，表示該筆應付帳款尚未償還的餘額為 $20,000，其 T 字帳分別列示如下：

存貨				應付帳款			
7/1	21,000	7/2	1,000	7/2	1,000	7/1	21,000
7/1	750						
餘額	20,750					餘額	20,000

五、購貨折扣

　　當商品存貨以賒購方式購入，則必須明確訂定付款金額、期間以及付款條件 (Credit Terms)，如：2/10，n/30，以明確規範買方應於未來支付賣方的金額及付款時間。其中 "2/10" 表示：若買方在取得商品所有權當天起算的第 10 天之內償還賒欠的貨款，則將可取得扣抵全數貨款的 2% 之購貨折扣（Purchase Discount，又稱為現金折扣），對買方而言則為銷貨折扣 (Sales Discount)。賣方以此種方式鼓勵買方盡早還款，為賣方給予的現金折扣 (Cash Discount)。因此，買方只有在折扣期間 (Discount Period) 內付款才能享有現金折扣。若提前付款有現金折扣，通常會在發票上註明此付款條件，例如："n/30" 表示若買方未能在取得商品所有權當天起算的第 10 天之內償還賒欠的貨款，則為發票日起的第 30 日，應償還全數的貨款。因此，在發票上以 "n/30" 表示，此 30 天稱為付款期間 (Credit Period)，表示買方須於 30 天內付款。

　　通常依不同的行業特性，付款條件內容也有所差異。在某些行業，購貨的付款時間為購貨日起的次月 10 日前，在發票上則以 "n/10 EOM" 表示，其

中 EOM 為月底的縮寫。關於付款條件與付款期間之說明請分別參見圖 10–6 及圖 10–7 所示。

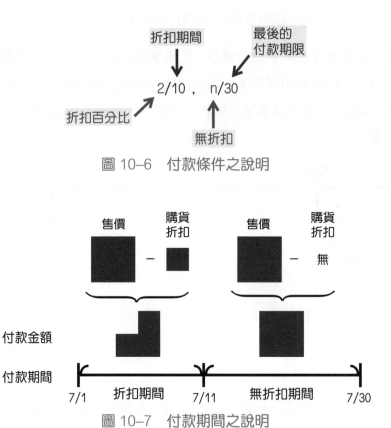

圖 10–6　付款條件之說明

圖 10–7　付款期間之說明

　　為說明買方如何記錄購貨折扣,假設歡樂購物公司於 2016 年 7 月 1 日賒購商品 $21,000,付款條件為 "2/10, n/30"。已知歡樂購物公司於 7 月 1 日賒購當日的購貨交易分錄為借記「存貨」$21,000,貸記「應付帳款」$21,000。由於該公司曾於 2016 年 7 月 2 日退回商品 $1,000,故該公司尚未償還的應付帳款餘額為 $20,000。

　　若歡樂購物公司於 2016 年 11 月 10 日提前還款且取得折扣,購貨折扣金額的計算方式為賒購總金額 $20,000 乘以 2%,為 $400 ($20,000 × 2% = $400),表示該公司於折扣期間內還款,使得存貨成本減少了 $400,因此,該公司僅須支付 $19,600 ($20,000 – $400 = $19,600),其付款的分錄如下:

7月10日　應付帳款 ⋯⋯⋯⋯⋯⋯⋯⋯⋯⋯⋯⋯⋯ 20,000

現金 ⋯⋯⋯⋯⋯⋯⋯⋯⋯⋯⋯⋯⋯⋯⋯⋯⋯ 19,600

存貨 ⋯⋯⋯⋯⋯⋯⋯⋯⋯⋯⋯⋯⋯⋯⋯⋯⋯ 400

（取得 2% 的購貨折扣）

在編製還款分錄後，歡樂購物公司的存貨 T 字帳項目餘額表示該公司的「購貨淨額」，而應付帳款項目餘額為零表示該筆應付帳款已全數償還，其 T 字帳分別列示如下：

存貨				應付帳款			
7/1	21,000	7/2	1,000	7/2	1,000	7/1	21,000
7/1	750	7/10	400	7/10	20,000		
餘額	20,350					餘額	0

六、商業折扣

製造商或批發商（供應商）為促銷商品或行銷目的，通常在商品目錄上印製的是商品的定價 (List Price) 或稱目錄價格。然而，定價通常不是實際的銷售成交價格。相反地，製造商或批發商通常為因應不同的銷售對象，如：批發商、零售商或一般消費者，而給予不同的百分比的商業折扣 (Trade Discount)。實務上，大量進貨的批發商所得到的商業折扣比零售商更多。製造商或批發商每月以商業折扣為調整售價的手段，若製造商或批發商擬調整售價，只須給顧客一張新的目錄價格之折扣表即可，而不另印製新的商品目錄。因此，將定價扣除若干百分比的商業折扣 (Trade Discount) 後，才是實際的銷售價格。

在會計處理方面，買方通常不須在會計項目上同時列示出目錄價格及商業折扣，而應以定價扣除商業折扣後之淨額入帳，因為該淨額即為實際取得商品的購買價格。根據成本原則，應按實際取得的歷史成本入帳。例如：歡樂購物公司於 2016 年 7 月 1 日所購買的商品，其定價金額為 $35,000，商業

折扣為 40%，故其進貨價格為 $35,000 – (40% × $35,000) = $21,000。

七、彙整購買商品存貨的交易事項

上述關於計算商品存貨的總成本時，曾提醒尚須考慮購貨運費、購貨退出及折讓以及購貨折扣。其中購貨時為借記商品存貨項目，購貨運費為借記商品存貨項目，表示增加存貨的成本；購貨折扣、購貨退出及折讓為貸記商品存貨項目，表示減少存貨的成本。表 10–2 為歡樂購物公司於 2016 年 7 月份的商品存貨購買成本之明細表。當發生影響存貨成本的交易事項時，商品存貨項目的餘額也會即時性的更新，此為反應永續盤存制的精神。

表 10–2　歡樂購物公司 2016 年 7 月份商品存貨購買成本明細表

歡樂購物公司 商品存貨成本明細表 2016 年 7 月 1 日起至 2016 年 7 月 31 日	
購貨發票價格	$21,000
減：購貨折扣	(400)
購貨退出及折讓	(1,000)
加：購貨運費	750
商品進貨成本合計	$20,350

雖然在永續盤存制的會計制度下並未提供有關購貨、購貨運費、購貨折扣以及購貨退出與折讓的個別項目資訊，然而，實務上為便於評估與管理以上項目，通常會計人員會另以補充記錄 (Supplementary Records, Supplemental Records) 方式記載上述項目的詳細資訊。

10–3 買賣業銷貨收入之會計處理

根據收入認定原則 (Revenue Recognition Principle)，當買賣業者已完成其商品所有權的移轉或已提供服務義務時，賣方應加以記錄「收入」(Revenue)

已賺取。因此，在商品買賣交易過程中，買賣雙方須針對商品所有權何時應由賣方移轉至買方取得共識。

一、銷售商品之會計處理（以永續盤存制為例）

在永續盤存制的會計基礎下，賣方銷售商品時的分錄包含兩部分，其一是由銷貨的售價面記錄自顧客處以資產形式取得的「銷貨收入」(Sales Revenue) 已實現，同時記錄現銷對應的「現金」或賒銷對應的「應收帳款」之增加。另一方面，由成本面記錄商品存貨的減少，並同時認列已出售商品的成本，亦即將已出售的存貨成本轉成「銷貨成本」(Cost of Goods Sold, CGS)

假設真善美玩具公司（賣方）於 2016 年 7 月 1 日以 $21,000 銷售商品給予歡樂購物公司（買方），歡樂購物公司承諾於日後付款，則真善美玩具公司（賣方）有關收入部分的分錄如下：

```
7月1日  應收帳款 ·············································  21,000
            銷貨收入 ·············································        21,000
        （賒銷商品予歡樂購物公司）
```

第一個分錄由售價面反映真善美玩具公司（賣方）的資產以「應收帳款」的形式增加，同時該公司的權益以「銷貨收入」的形式亦增加。若上述交易為現銷，則應借記「現金」而非應收帳款。第二個分錄由成本面反映真善美玩具公司於 7 月 1 日銷售商品的成本為 $18,375（下冊將說明商品成本的計算），因此，則在永續盤存制下該項銷貨交易成本之分錄如下：

```
7月1日  銷貨成本 ·············································  18,375
            存貨 ·················································        18,375
        （記錄賒銷商品予歡樂購物公司的成
        本）
```

上述第一個分錄顯示銷貨收入為 $21,000，第二個分錄顯示銷貨成本為 $18,375，其中 $2,625 的價差稱為「銷貨毛利」(Gross Profit)。

在永續盤存制下,每一次銷貨交易時均同時將已出售商品轉為銷貨成本,因此, 可隨時由商品存貨項目餘額瞭解可供出售商品成本之餘額。當公司有許多不同種類或型號的商品存貨時, 通常會為每一種類或型號的商品另行編製明細分類表, 以瞭解不同類型或型號的商品詳細的進銷存之情況。

二、銷貨退回及折讓

當顧客收到所購買的商品後, 若發現有瑕疵、毀損或不滿意的情況, 顧客通常會選擇以下兩種處理方式: (1)退回商品並要求全額退款; (2)繼續保留商品但要求賣方給予售價的折減, 稱為折讓 (Allowance)。因此, 對於賣方而言, 銷貨退回 (Sales Return) 指顧客購買後退回給賣方的商品, 有些公司甚至允許顧客在退回商品時可同時退還全數的貨款。銷貨折讓 (Sales Allowance) 指當商品產生瑕疵而顧客仍願意以較低價格購買此商品時, 賣方給予顧客在銷售價格上的減價。上述兩種狀況統稱為「銷貨退回及折讓」(Sales Returns and Allowances), 反映顧客對於商品的不滿意或賣方未來可能喪失的銷貨機會。從銷貨管理的角度觀之, 賣方應重視並有效控管攸關銷貨退回與折讓的相關資訊。

前一節曾提及真善美玩具公司（賣方）於 2016 年 7 月 1 日, 以 \$21,000 賒銷商品給予歡樂購物公司（買方）。若歡樂購物公司在 7 月 2 日發現部分商品有瑕疵故退回部分商品, 該部分商品的售價及成本分別為 \$1,000 及 \$875, 有關此項銷貨退回的交易分錄應反映買方退回商品造成銷貨收入及銷貨成本的減少:

7 月 2 日	銷貨退回及折讓	1,000
	應收帳款	1,000
	（歡樂購物公司退回 7 月 1 日賒銷的部	
	分商品之售價）	

「銷貨退回及折讓」為銷貨收入總額的抵銷項目 (Contra-revenue Account), 在綜合損益表上應列於銷貨收入的減項, 以便於日後追蹤商品退回的售價, 反應實際的銷貨淨額 (Net Sales) 情況, 同時提供顧客對於本公司

所銷售商品的品質或價格滿意度之線索。

若退回給真善美玩具公司（賣方）的商品並未損壞而可以再出售給其他顧客，則賣方應將此部分商品重新列為存貨。因此，除了以上的分錄外，賣方應將此部分成本再加回商品存貨項目：

7月2日　存貨 ·· 875
　　　　　銷貨成本 ·· 875
　　　　　（歡樂購物公司退回7月1日賒銷的部分
　　　　　商品之成本）

相反地，若退回的商品已毀損而無法再出售，賣方將以報廢處置。在此情況下，退回商品的成本將不計入商品存貨項目，而是繼續留在銷貨成本項目中，則僅須做同時減少收入及資產項目的分錄，無須作上述的加回商品存貨的分錄。

另一種情況是，歡樂購物公司（買方）因真善美玩具公司（賣方）於7月2日提供 $500 的折讓而決定不退回商品,則賣方僅須作同時減少收入及資產項目的分錄，無須作上述的加回商品存貨的分錄。

7月2日　銷貨退回及折讓 ·· 500
　　　　　應收帳款 ·· 500
　　　　　（提供歡樂購物公司7月1日賒銷的部分
　　　　　商品之折讓）

當賣方提供銷貨退回或折讓給予買方時，通常賣方會同時編製貸項通知單 (Credit Memorandum)，為通知顧客因銷貨退回或折讓而將貸記其應收帳款項目的書面文件，以確認顧客的銷貨退回或折讓。

三、銷貨折扣

如同前文提及的買方購貨折扣，賣方通常會提供賒銷條件，如付款條件為 "2/10, n/30" 以鼓勵顧客提早還款，提供給顧客此類的現金折扣稱為銷貨折扣 (Sales Discount)。賣方提供銷貨折扣的優點為可縮短收現的時間，同時

也可減少因再度催收而開單給顧客所花費的時間與成本。如同購貨折扣一般，2/10 表示若顧客能在賒銷日起的第 10 日的折扣期間內還款，賣方將由銷售價格中扣減 2% 的銷貨折扣。n/30 表示若顧客未能在賒銷日起的第 10 日的折扣期間內還款，則必須於賒銷日起的第 30 日的還款期限償還全數的貨款。

　　當產生賒銷交易時，賣方通常無法預知買方是否將於折扣期間內還款以取得現金折扣，而必須等到買方實際於折扣期間內付款時，才能記錄銷貨折扣。已知真善美玩具公司（賣方）於 2016 年 7 月 1 日以 $21,000 賒銷一批商品給予歡樂購物公司（買方），付款條件為 "2/10, n/60"（7 月 2 日曾退回 $1,000 的商品）。假設歡樂購物公司（買方）為取得 2% 的現金折扣，必須於 2016 年 7 月 10 日前償還此批貨款，則真善美玩具公司（賣方）有關銷貨折扣的分錄如下：

7 月 10 日	現金	19,600	
	銷貨折扣	400	
	應收帳款		20,000
	（紀錄提供歡樂購物公司 2% 的銷貨		
	折扣）		

　　歡樂購物公司（買方）未能在折扣期限內還款，則賣方將不提供提早還款的現金折扣。因此，買方通常將等到 60 天後（2016 年 8 月 30 日）再支付全額 $20,000。在此情況下，真善美玩具公司（賣方）的分錄如下：

8 月 30 日	現金	20,000	
	應收帳款		20,000
	（收到歡樂購物公司支付賒欠的全部		
	貨款）		

　　銷貨折扣為銷貨收入的抵銷項目，公司的管理階層通常根據此項目以評估銷貨折扣政策之成本效益。

四、彙整銷貨收入攸關的交易事項

「銷貨退回及折讓」與「銷貨折扣」皆為銷貨收入的抵銷項目 (Contra-revenue Account)，在綜合損益表上均應列於銷貨收入的減項。基於內部營運管理之考量，茲彙整與銷貨收入攸關的交易事項於表 10–3 的部分綜合損益表。

表 10–3　部分綜合損益表

真善美玩具公司
部分綜合損益表
2016 年 7 月 1 日起至 2016 年 7 月 31 日

銷貨收入	$21,000
減：　銷貨折扣	(400)
銷貨退回及折讓	(1,000)
淨銷貨	$19,600
銷貨成本	(17,500)
銷貨毛利	$ 2,100

為避免透漏公司的重要銷貨等相關訊息，通常在編製供外部使用的綜合損益表時，不會詳細揭露有關銷貨退回及折讓和銷貨折扣的資訊，而改「銷貨淨額」方式呈現。以下說明買賣業的多站式綜合損益表。

10–4 買賣業的多站式綜合損益表

多站式綜合損益表 (Multiple-step Income Statement) 較僅列示收入與費用的單站式綜合損益表，能提供更多的資訊。下表說明真善美玩具公司的多站式綜合損益表，其中列示出銷貨淨額與銷貨成本以及營業費用間的詳細計算，且不同類別的項目均以小計表達。

真善美玩具公司的銷貨淨額與銷貨成本兩者間的差額即為銷貨毛利。營

業費用包括銷售費用 (Selling Expenses) 與管理費用 (General and Administration Expenses)。前者如：商品陳列或廣告的推銷費用，以及銷售商品給顧客所需的其他費用；後者包括所有支援公司整體營業活動的花費，如：水電費、人力資源管理、財務管理等費用。有時同一項費用會依其用途分別分攤製銷售與管理費用，如：租金費用 $9,000 分攤 $8,100 至銷售費用，另 $900 則分攤為管理費用。

真善美玩具公司 **綜合損益表** **2016 年 7 月 1 日起至 7 月 31 日**	
銷貨淨額	$3,210,000
銷貨成本	2,304,000
銷貨毛利	$ 906,000
銷售與管理費用	(705,000)
正常營業活動淨利	$ 201,000
其他收入與費用淨額	(39,750)
稅前淨利	$ 161,250
所得稅費用	(32,250)
稅後淨利	$ 129,000

練習題

一、選擇題

1. 甲公司為家具經銷商，X1 年間，甲公司出售兩組辦公桌椅給乙公司，成交價為 $85,000，甲公司並負擔貨運公司 $3,000 的運費。有關此 $3,000 的運費，下列何者敘述正確？
   (A)甲公司應將 $3,000 列入存貨成本
   (B)甲公司應將 $3,000 列入銷貨成本
   (C)甲公司應將 $3,000 列入營業費用
   (D)乙公司應將 $3,000 列入存貨成本　　　　104 年普考

2. 有關存貨成本公式及盤存制度，下列何者正確？
   (A)存貨成本公式必須與商品實體的流動一致
   (B)僅有在定期盤存制之下，企業必須進行期末盤點，也因此只有定期盤存制才有盤損或盤盈的產生
   (C)採用定期盤存制的企業，在年終調整以前，存貨項目的餘額為期初存貨
   (D)採用先進先出成本公式，在物價下跌的情形下，定期盤存制之銷貨毛利較永續盤存銷貨毛利為高　　　　104 年普考

3. 甲公司 X1 年 12 月 31 日盤點存貨餘額為 $700,000，會計師查核時發現下列幾項交易：
   (1)向乙公司進貨 $250,000，目的地交貨，X1 年 12 月 30 日交貨運公司運送，甲公司於 X2 年 1 月 2 日收到
   (2)向丙公司進貨 $150,000，起運點交貨，X1 年 12 月 28 日交貨運公司運送，甲公司於 X2 年 1 月 1 日收到
   (3)承銷丁公司之商品計有 $15,000 尚未出售，已列入期末盤點之存貨中則甲公司 X1 年 12 月 31 日期末存貨正確餘額為何？
   (A) $1,100,000
   (B) $1,085,000
   (C) $835,000
   (D) $685,000　　　　104 年高考

4. 丙公司 8 月發生三件進貨交易：㈠ 5 日進貨 $126,000，運費 $1,000，目的地交貨，賒購條件 1/10，n/30。㈡ 5 日進貨 $80,000，運費 $700，起運點交貨，賒購條件 2/10，1/20，n/30。㈢ 4 日進貨 $56,000，運費 $500，起運點交貨，賒購條件 2/10，1/20，n/30，28 日退貨 $11,000。丙公司 9 月 3 日付清這三筆貨款及相關運費，試問丙公司總共支付多少金額？

   (A) $250,280

   (B) $250,483

   (C) $250,500

   (D) $251,500　　　　　　　　　　　　　　　　104 年身心障礙

5. 甲公司 X5 年度帳列淨利 $450,000，經會計師查帳發現下列兩項錯誤：㈠ X5 年之進貨 $35,000 漏記，但商品已包含於期末存貨中；㈡起運點交貨之在途進貨 $20,000，商品未包含於期末存貨中，但發票已收到，故已計為 X5 年之進貨。請問甲公司調整上述兩項錯誤後，X5 年正確淨利為何（不考慮所得稅影響）？

   (A) $435,000

   (B) $505,000

   (C) $465,000

   (D) $395,000　　　　　　　　　　　　　　　　104 年身心障礙

6. 某公司期初存貨 $70,000，本期進貨 $380,000，銷貨淨額 $240,000，銷貨折扣 $40,000，進貨運費 $20,000，銷貨運費 $20,000，銷貨毛利為銷貨成本的 25%，則期末存貨為：

   (A) $230,000

   (B) $278,000

   (C) $290,000

   (D) $422,000　　　　　　　　　　　　　　　　104 年身心障礙

7. 下列關於存貨的敘述何者正確？

   (A)在「目的地交貨」的情況下，「在途存貨」屬於買方的存貨

   (B)「承銷品」屬於承銷公司的存貨

   (C)如進價不變動，則無論採用何種成本公式，算得的期末存貨金額相同

(D)採永續盤存制的企業，隨時可掌控存貨的資料，故期末不必實地盤點存

104 年初等

8. 甲公司 X1 年期末存貨高估 $20,000，X2 年期末存貨低估 $50,000，在不考慮所得稅之影響時，下列敘述何者正確？

(A) X1 年銷貨成本低估 $20,000，X2 年淨利高估 $50,000

(B) X1 年權益高估 $20,000，X2 年銷貨成本高估 $70,000

(C) X1 年淨利高估 $20,000，X2 年銷貨成本低估 $30,000

(D)兩年度存貨錯誤抵銷，X2 年期末權益金額正確　　　　103 年地特

9. 甲公司採用定期盤存制，若 X2 年期末存貨高估 $4,000，則對 X3 年底資產負債表之影響為何？

(A)資產高估、權益高估

(B)資產低估、權益低估

(C)資產正確、權益低估

(D)資產正確、權益正確　　　　　　　　　　　　　　　103 年地特

10. 甲公司 X1 年期初存貨為 $85,000，期末存貨為 $63,000，當期之銷貨收入 $120,000，銷貨退回 $5,000，銷貨運費 $4,000，進貨退回 $8,000，進貨運費 $3,000，進貨折扣 $2,500，毛利為 $25,000。當年之進貨金額為多少？

(A) $71,500

(B) $75,500

(C) $80,500

(D) $124,500　　　　　　　　　　　　　　　　　　　103 年地特

二、問答題

1. 下列(1)～(10)項目為描述買賣業的營業活動，其專有名詞分別列示於 A～J 項，請在(1)～(10)項目旁的空格填上最符合定義的字母。

_____ (1)商品在賣方的營業處所始移轉其所有權。

_____ (2)買賣雙方在議定商品價格時，共同協議折扣低於目錄的標示價格。

_____ (3)站在賣方的立場，賣方同意買方顧客可因提早還款，而取得售價抵減之優待。

_____ ⑷企業允許顧客從購貨到付款間的時間，或是企業給予顧客提供商業信用而提出的最長付款時間。

_____ ⑸買賣業者所擁有的商品，並準備將其銷售給顧客。

_____ ⑹商品在買方的營業處所始移轉其所有權。

_____ ⑺現金折扣有效的期間。

_____ ⑻銷貨淨額減去銷貨成本後的差額。

_____ ⑼在折扣期間內支付應收或應付帳款之價格優待。

_____ ⑽站在買方的立場，由賣方處所取得提早還款之售價抵減之優待。

從商品供應商處獲得現金折扣為對購貨者的描述。

A. 現金折扣 (Cash Discount)

B. 信用期間 (Credit Period)

C. 折扣期間 (Discount Period)

D. 目的地交貨 (F.O.B Destination)

E. 起運點交貨 (F.O.B Shipping Point)

F. 銷貨毛利 (Gross Profit)

G. 商品存貨 (Merchandise Inventory)

H. 進貨折扣 (Purchase Discount)

I. 銷貨折扣 (Sales Discount)

J. 商業折扣 (Trade Discount)

2. 以下為奇妙公司於 2016 年度自上游供應商購買商品之交易,若該公司採用永續盤存制, 試完成奇妙公司下列購貨之交易分錄。

3 月 5 日　購買 600 單位的產品，其目錄價格為每單位 $240，奇妙公司與上游供應商議定並取得 20% 的商業折扣，銷售條件為 2/10, n/60。

3 月 7 日　由 3 月 5 日的購買產品中退回 25 單位的瑕疵品，並收到全部貨款的貸項通知單。

3 月 15 日　扣減 3 月 7 日部分退貨貨款後，支付 3 月 5 日購貨的剩餘款項。

3. 下列為世界集團於 2016 年度銷售商品之交易,若該公司採用永續盤存制,

試完成世界集團下列銷貨之交易分錄。

4月1日 世界集團銷售一批商品售價為 $72,000，成本為 $43,200，並同意給予顧客的賒銷條件為 2/10，EOM。

4月4日 收到顧客退回在4月1日購買的部分商品以及貨款為 $14,400 的貸項通知單，這批退回產品的成本為 $8,640。

4月11日 扣減4月4日的部分退貨貨款後，顧客交來4月1日購貨的剩餘款項。

4. 永大公司採用永續盤存制記錄商品存貨的交易，下列為該公司2016年4月份的進貨交易紀錄，試完成永大公司日記簿的交易分錄。

4月2日 以起運點交貨的條件向潤普公司購買商品一批，發票金額為 $110,400，授信條件為 2/15、n/60。

3日 支付4月2日的進貨的運費 $7,200。

4日 將發票金額 $14,400 的瑕疵商品退還給潤普公司。

17日 寄出4月2日進貨的支票給潤普公司，支票金額為扣除了購貨退出後的淨值。

18日 以目的地交貨的條件向勁亨公司購買商品一批，發票金額為 $204,000，授信條件為 2/10、n/30。

21日 經過協議後，由勁亨公司取得4月18日的進貨的折讓 $26,400。

28日 寄出4月18日進貨的支票給勁亨公司，支票金額為扣除了購貨折讓後的淨值。

5. 五嶽公司由批發商翔明公司購買商品一批，其發票價格為 $576,000、授信條件為 3/10、n/60。已知翔明公司所銷售的這批商品的成本為 $384,000，且五嶽公司在折扣期間內付款。假設買賣雙方均採用永續盤存制記錄商品交易。

試完成以下交易事項的分錄：

⑴買方的進貨交易以及在折扣期間內付款的日記簿分錄

⑵賣方的銷貨交易以及在折扣期間內收取貨款的日記簿分錄

6. 潤科公司於2016年5月11日自批發商亨通公司購買一批價值 $960,000 的商品，以供日後銷售，授信條件為 3/10、n/90，起運點交貨。已知亨通

公司所銷售的這批商品的成本為 $720,000，當商品送達潤科公司時，潤科公司支付了運送費 $8,280 給予貨運公司。潤科公司於 2016 年在 5 月 12 日退回 $33,600 的商品給亨通公司，亨通公司在一天後收到並將這批退貨歸入其存貨，此批退貨的成本為 $19,200。潤科公司於 2016 年 5 月 20 日寄出積欠貨款的支票給予亨通公司，亨通公司在次日收到。

若買賣雙分均採用永續盤存制，試完成以下交易事項的分錄：

⑴潤科公司的進貨交易以及在折扣期間內付款的日記簿分錄

⑵亨通公司的銷貨交易以及在折扣期間內收取貨款的日記簿分錄

7. 下列三種情況相互獨立，已知購貨為起運點交貨的條件，試完成下列各狀況中所遺漏的數字：

	情況一	情況二	情況三
商品進貨的發票金額	$2,256,000	$960,000	$780,000
購貨折扣	120,000	(3)	19,200
購貨退出及折讓	48,000	60,000	28,800
購貨運輸成本	(1)	108,000	120,000
商品存貨（期初）	216,000	(4)	240,000
商品購貨總成本	2,193,600	972,000	(5)
商品存貨（期末）	129,600	204,000	(6)
銷貨成本	(2)	1,022,400	843,120

8. 維安公司於設立當年度的 2016 年 5 月 3 日進行第一次的採購，共採購 2,000 單位、每單位 $240 的商品。維安公司於 2016 年 5 月 5 日以每單位 $336 賣給百成公司 600 單位，銷貨條件為 2/10、n/60。

若維安公司採用永續盤存制，試完成維安公司 2016 年 5 月 5 日的銷售交易以及下列交易事項的日記簿分錄：

⑴2016 年 5 月 7 日，由於部份商品不符合顧客的需求，故百成公司退回 200 單位的商品給予維安公司，維安公司立即將這些商品歸入存貨

⑵2016 年 5 月 8 日，百成公司發現 200 單位的商品雖然有損壞現象，但尚

有使用價值，因此決定繼續保留這些商品。因此，維安公司寄給百成公司 $14,400 的貸項通知單以補償百成公司的損失

⑶ 2016 年 5 月 15 日，百成公司退回 20 單位的瑕疵品給予維安公司，維安公司經仔細評估後認為這批商品已無法再予轉售，故予以全數報廢丟棄

9. 下列五種情況相互獨立，試完成損益表中各狀況所遺漏的數字（負數金額以括號表示）：

	情況一	情況二	情況三	情況四	情況五
銷貨	$1,488,000	$1,044,000	$1,104,000	$ ⑻	$614,400
銷貨成本					
商品存貨(期初)	192,000	409,200	180,000	192,000	109,440
商品進貨總成本	912,000	⑷	⑹	768,000	158,400
商品存貨(期末)	⑴	(64,800)	(216,000)	(158,400)	⑽
銷貨成本	$ 817,200	$ 381,600	$ ⑺	$ ⑼	$158,400
銷貨毛利	$ ⑵	$ ⑸	$ 90,000	$1,094,400	$ ⑾
費用	240,000	255,600	291,600	86,400	144,000
淨利（損）	$ ⑶	$ 406,800	$(201,600)	$1,008,000	$ ⑿

10. 已知銘濤公司採用永續盤存制記錄商品存貨的交易，試完成該公司於 2016 年 7 月份下列銷貨交易之日記簿分錄。（提示：應收帳款或應付帳款應使用明細項目。例如：記錄 7 月 1 日金海公司的賒購，則使用「應付帳款—金海公司」）

7 月 1 日　從批發商金海公司購入商品一批，發票金額為 $144,000，授信條件為 1/15、n/30，起運點交貨。

　　2 日　銷售商品 $21,600 給予宏泰公司，授信條件為 2/10、n/60，起運點交貨。此批商品的成本為 $12,000。

　　3 日　支付 7 月 1 日的購貨運費 $3,000。

　　8 日　銷售商品一批取得現金 $40,800，其成本為 $31,200。

　　9 日　從批發商慧創公司購買商品 $52,800，授信條件為 2/15、n/60，

目的地交貨。

11 日　退回 7 月 9 日進貨的部分瑕疵品給予慧創公司，收到該公司開立金額 $4,800 的貸項通知單。

12 日　收到 7 月 2 日銷貨予宏泰公司的貨款餘額，款項為已扣除銷貨折扣後的淨額。

16 日　支付 7 月 1 日由金海公司購貨的貨款餘額，款項為已扣除購貨折扣後的淨額。

19 日　銷售商品 $28,800 給予東訊公司，其成本為 $19,200，授信條件為 2/15、n/60，起運點交貨。

21 日　寄給東訊公司 $3,600 的貸項通知單，為補償 7 月 19 日銷貨中部分瑕疵品的折讓。

22 日　收到東訊公司寄來的借項通知單 $1,200，為 7 月 19 日銷貨總額高估的錯誤。

24 日　支付 7 月 9 日由慧創公司購貨的貨款餘額，款項為已扣除購貨退出以及購貨折扣後的淨額。

30 日　收到 7 月 21 日銷貨予東訊公司的貨款餘額，款項為已扣除銷貨折扣後的淨額。

31 日　銷售商品 $168,000 給予宏泰公司，授信條件為 2/10、n/60，起運點交貨。此批商品的成本為 $115,200。

11. 以下為潤科公司於 2016 年 8 月 31 日（會計年度終了）的調整後試算表：

	借方	貸方
存貨	$ 984,000	
其他資產	3,129,600	
負債		$ 600,000
游先生資本		2,653,200
游先生提取	336,000	
銷貨收入		5,414,400

銷貨折扣	54,000	
銷貨退回及折讓	288,000	
銷貨成本	1,788,000	
薪資費用—銷售部門	768,000	
租金費用—銷售部門	192,000	
儲存用品費用—銷售部門	36,000	
廣告費用	312,000	
薪資費用—管理部門	684,000	
租金費用—管理部門	86,400	
儲存用品費用—管理部門	9,600	
合計	$8,667,600	$8,667,600

已知 2016 年 8 月 31 日，商品存貨總額為 $624,000。在 2016 年 8 月 31 日會計年度結束時買賣活動的其他補充記錄如下：

購買商品的發票金額	$2,208,000
購貨折扣	48,000
購貨退出及折讓	108,000
購貨的運輸成本	96,000

試完成下列事項：

(1)計算潤科公司於 2016 年度的銷貨淨額

(2)計算潤科公司於 2016 年度的商品購買總成本

(3)編製潤科公司 2016 年度的多站式損益表，請於損益表中分別列出銷貨淨額、銷貨成本及銷貨毛利，同時分別列出銷售費用以及一般管理費用的金額

12. 試在下列五欄註有(1)至(15)的部分填入適當的金額。

銷貨淨額	$50,000	(4)	$90,000	$70,000	$60,000
期初存貨	10,000	20,000	(7)	25,000	(13)
進貨淨額	30,000	(5)	60,000	40,000	50,000
商品總額	(1)	(6)	90,000	(10)	(14)
期末存貨	12,000	15,000	(8)	(11)	20,000
銷貨成本	(2)	60,000	(9)	(12)	(15)
銷貨毛利	(3)	20,000	15,000	5,000	10,000

13. 新力公司成立於 2016 年 6 月 1 日，其銷貨之付款條件為 2/10, n/30，目的地交貨。進貨之付款條件則隨供應商而有所不同，該公司 6 月份部分交易如下，除非特別說明，所有交易均為商品之買賣，同時均採賒帳方式。

    1 日   向甲公司進貨 $6,000，付款條件 1/10, n/30，起運點交貨

    2 日   向乙公司進貨 $10,000，付款條件 2/10, n/30，目的地交貨

    3 日   支付貨運公司 6 月 1 日向甲公司購買貨物之運費 $400

    4 日   賒銷子公司商品 $5,000

    4 日   支付運送子公司貨物之運費 $300

    7 日   將 6 月 1 日向甲公司購買之商品 $1,000 退還給甲公司

    9 日   子公司退回商品 $500，新力公司開出貸項通知單送交子公司

  10 日   償還甲公司全部貨欠

  11 日   向丙公司進貨一批，貨物定價 $8,000，商業折扣 10%，付款條件 2/10, n/30，目的地交貨

  12 日   代付向丙公司所購買貨物之運費 $350

  14 日   收到子公司繳來現金，償還全部貨欠

  14 日   賒銷給丑公司商品 $8,000

  16 日   收到丑公司寄來之借項通知單，說明已代付 6 月 14 日貨物之運費 $450

  20 日   支付所欠丙公司之全部貨款

30 日　支付所欠乙公司之貨款

30 日　賒銷給寅公司商品 $9,500

30 日　本月份現銷 $3,500

根據上列資料：

⑴將 2016 年 6 月份各項交易作成分錄

⑵假定 2016 年 6 月底存貨為 $3,600，試計算 2016 年 6 月份之銷貨毛利

14.華生商行採用永續盤存制，2016 年 11 月份部分交易如下：

　　4 日　向大明公司賒購商品 $25,000，付款條件 1/10, n/30

　　6 日　向生生公司賒購商品 $18,000，付款條件 2/10, n/30，起運點交貨

　　7 日　支付向生生公司所購商品之運費 $100

　　8 日　部分由大明公司購買之商品品質欠佳，經大明公司同意給予讓價 $1,000

　　9 日　賒銷商品 $4,000 給標準公司，付款條件 1/10, n/30，目的地交貨

　10 日　賒銷商品 $7,500 給四海商行，付款條件 1/10, n/30，目的地交貨

　11 日　標準公司退回 9 日所購商品 $500

　12 日　支付運送售予標準公司及四海商行商品之運費 $110

　16 日　償還所欠生生公司之貨款

　18 日　標準公司繳來全部欠款

　20 日　賒銷商品 $22,000 給波音商店

　27 日　四海商行繳來全部欠款

　28 日　償還所欠大明公司貨款

　31 日　現銷 $42,000

試將上列交易依次作成分錄。

15.臺北商店 2015 年及 2016 年結帳後資產及負債之情形如下：

	2015 年 12 月 31 日	2016 年 12 月 31 日
現金	$16,500	$35,000
應收帳款	57,000	42,000
商品存貨	96,000	121,000

辦公設備	33,000	33,000
累計折舊——辦公設備	10,000	12,000
應付帳款	65,000	79,000

其他資料:

A.該商店之進貨與銷貨均採賒帳方式

B.2016 年由客戶繳來現金共 \$410,000,清償因進貨而發生之應付帳款共支付現金 \$261,000

C.2016 年該店辦公設備並無增減, 資本亦無增加及提取情事

試根據上述資料, 計算臺北商店 2016 年度之(1)銷貨淨額、(2)進貨淨額、(3)銷貨成本、(4)營業費用、(5)淨利。

16.安邦商行採賒銷方式出售商品, 其 2016 年 3 月份銷貨有關資料如下:

交易別	賒銷			銷貨退回		收款日期
	日期	金額	付款條件	日期	金額	
(1)	3/5	\$100,000	2/10, n/30	3/9	\$20,000	3/20
(2)	3/17	225,000	1/10, n/30	3/19	25,000	3/26
(3)	3/21	96,000	2/10, n/30	3/24	6,000	3/30

試針對安邦商行於 2016 年 3 月份之銷貨及其所收到之現金, 作成分錄。